KB142937

또바기와 모도리의

야무진 수학

머리말

수학을 재미있어 하는 아이들은 그리 많지 않다. '수포자(數抛者)'라는 새말이 생길 정도로 아이들과 학부모들에게 걱정 1순위의 과목이 수학이다. 언제, 어떻게 시작을 해야 하는지 고민만 할 뿐 답을 찾지 못한다. 그러다 보니 대부분 취학 전 아이들은 숫자 이해 학습, 덧셈 · 뺄셈과 같은 단순 연산 반복 학습, 도형 색칠하기 등으로 이루어진 교재로 수학을 처음 접하게 된다.

수학 공부의 기본 과정은 수학적 개념을 익힌 후, 이를 다양한 문제 상황에 적용하여 수학적 원리를 깨치는 것이다. 아이들을 대상으로 하는 수학 교재들은 대부분 수학의 하위 영역에서 수학적 개념을 튼튼히 쌓게 하는 것보다 반복되는 문제 풀이를 통해 수의 연산 원리를 익히는 것에 초점을 맞추고 있다. 수학의 여러 영역에서 고차적인 수학적 사고력을 높이고 수학 실력을 향상시키기 위해서는 수학을 처음 접하는 시기부터 수학의 여러 하위 영역의 기본 개념을 확실히 짚어 주는 체계적인 수학 공부의 과정이 필요하다.

『또바기와 모도리의 야무진 수학(또모야–수학)』은 초등학교 1학년 수학의 기초적인 개념과 원리를 바탕으로 6~8세 아이들이 알아야 할 필수적인 수학 개념과 초등 수학 공부에 필수적인 학습 요소를 고려하여 모두 100개의 주제를 선정하여 10권으로 체계화하였다. 각 소단원은 '알아볼까요?–한걸음, 두걸음–실력이 쑥쑥–재미가 솔솔'의 단계로 나뉘어 심화 · 발전 학습이 이루어지도록 구성하였다. 개념 학습이 이루어진 후, 3단계로 심화 · 발전되는 체계적인 적용 과정을 통해 자연스럽게 수학적 원리를 익힐 수 있도록 하였다. 아이들이 부모님과 함께 산꼭대기에 오르면 산 아래로 펼쳐진 아름다운 경치와 시원함을 맛볼 수 있듯이, 이 책을 통해 그러한 기분을 경험할 수 있을 것이다. 부모님이나 선생님과 함께 한 단계씩 공부해 가면 초등 수학의 기초적인 개념과 원리를 튼튼히 쌓아 갈 수 있게 된다.

『또모야–수학』은 수학을 처음 접하는 아이들도 쉽고 재미있게 공부할 수 있도록 구성하고자 했다. 첫째, 소단원 100개의 각 단계는 아이들에게 친근하고 밀접한 장면과 대상을 소재로 활용하였다. 마트, 어린이집, 놀이동산 등 아이들이 실생활에서 경험할 수 있는 다양한 장면과 상황 속에서 수학 공부를 할 수 있도록 구성하였다. 참신하고 기발한 수학적 경험을 통해 수학의 필요성과 유용성을 이해하고 수학 학습의 즐거움을 느낄 수 있도록 하였다.

둘째, 아이들의 수준을 고려한 최적의 난이도와 적정 학습량을 10권으로 나누어 구성하였다. 힘들고 지루하지 않은 기간 내에 한 권씩 마무리해 가는 과정에서 성취감을 맛볼 수 있으며, 한글을 익히지 못한 아이도 부모님의 도움을 받아 가정에서 쉽게 학습할 수 있다. 셋째, 스토리텔링(story-telling) 기법을 도입하여 그림책을 읽는 기분으로 공부할 수 있도록 이야기, 그림, 디자인을 활용하였다. '모도리'와 '또바기', '새로미'라는 등장인물과 함께 아이들은 문제 해결 과정에 오랜 시간 흥미를 가지고 집중할 수 있다.

수학적 사고력과 수학 실력을 바탕으로 하지 않으면 기본 생활은 물론이고 직업 세계에서 좋은 성과를 얻기 어렵다는 것은 강조할 필요가 없다. 『또모야-수학』으로 공부하면서 생활 주변의 현상을 수학적으로 관찰하고 표현하며 즐겁게 문제를 해결하는 경험을 하기 바란다. 그리고 4차 산업혁명 시대의 창의적 역량을 갖춘 융합 인재가 갖추어야 할 수학적 사고력을 길러 나가길 바란다.

2021년 6월

기획 및 저자 일동

저자 약력

기획 및 감수 이병규

현 서울교육대학교 국어교육과 교수
문화체육관광부 국어정책과 학예연구관
문화체육관광부 국립국어원 학예연구사
서울교육대학교 국어교육과 졸업
연세대학교 대학원 문학 석사, 문학 박사
2009 개정 국어과 초등학교 국어 기획 집필위원
2015 개정 교육과정 심의회 국어 소위원회 부위원장
야무진 한글 기획 및 발간
야무진 어휘 공부 기획
근간 국어 문법 교육론(2019) 외 다수의 논저

저자 송준언

현 세종나래초등학교 교사
서울교육대학교 컴퓨터교육과 졸업
서울교육대학교 교육대학원 초등수학교육학과 졸업

저자 김지환

현 서울북가좌초등학교 교사
서울교육대학교 수학교육과 졸업
서울교육대학교 교육대학원 초등수학교육학과 졸업

이렇게 활용해요

알아볼까요?

한걸음 두걸음

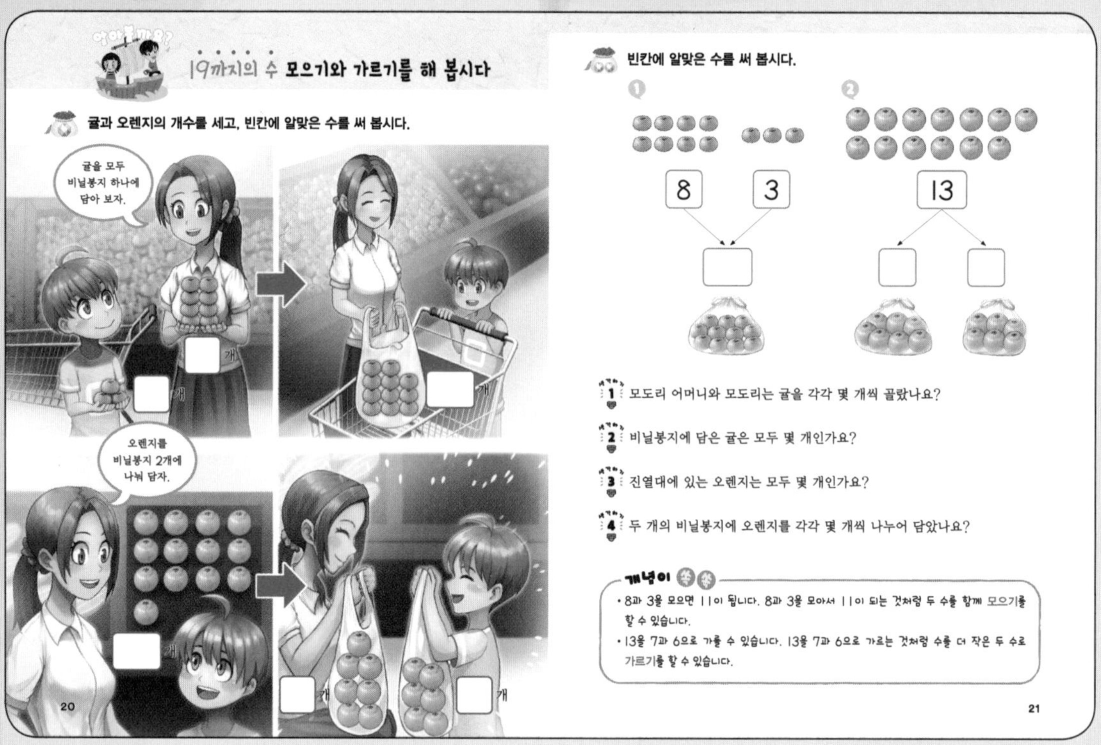
알아볼까요?

19까지의 수 모으기와 가르기를 해 봅시다

귤과 오렌지의 개수를 세고, 빈칸에 알맞은 수를 써 봅시다.

20

빈칸에 알맞은 수를 써 봅시다.

❶ 8 3

❷ 13

생각하기 1 모도리 어머니와 모도리는 귤을 각각 몇 개씩 골랐나요?

생각하기 2 비닐봉지에 담은 귤은 모두 몇 개인가요?

생각하기 3 진열대에 있는 오렌지는 모두 몇 개인가요?

생각하기 4 두 개의 비닐봉지에 오렌지를 각각 몇 개씩 나누어 담았나요?

개념이 쏙쏙

- 8과 3을 모으면 11이 됩니다. 8과 3을 모아서 11이 되는 것처럼 두 수를 합께 모으기를 할 수 있습니다.
- 13을 7과 6으로 가를 수 있습니다. 13을 7과 6으로 가르는 것처럼 수를 더 작은 두 수로 가르기를 할 수 있습니다.

21

생활에서 접할 수 있는 다양한 수학적 상황을 그림으로 재미있게 표현하여 학습 주제를 보여 줍니다.

학습 주제를 알고 공부하는 처음 단계로 수학 공부의 재미를 느끼게 합니다.

학습도우미

생각하기 1

학습 주제를 간단한 문제로 나타냅니다.

개념이 쏙쏙

핵심 개념을 쉽고 간단하게 설명합니다.

붙임딱지 1 활용

다양한 붙임딱지로 흥미롭게 학습할 수 있습니다.

실력이 쑥쑥

재미가 솔솔

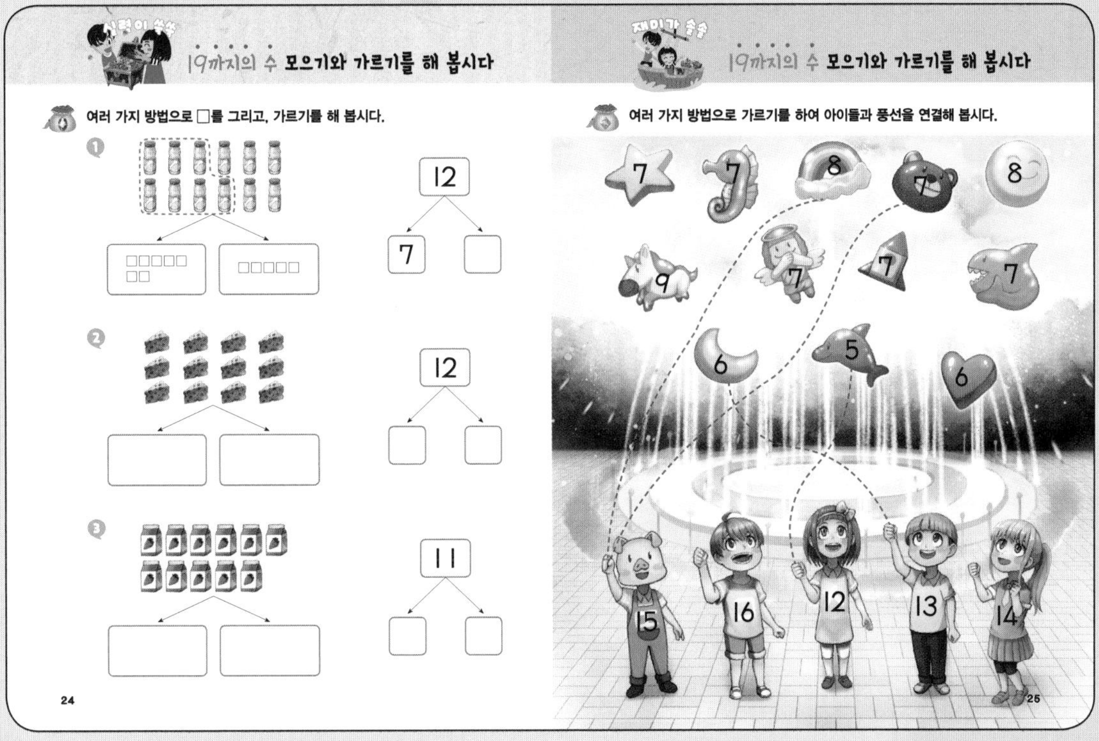
실력이 쑥쑥

19까지의 수 모으기와 가르기를 해 봅시다

여러 가지 방법으로 □를 그리고, 가르기를 해 봅시다.

1 12 / 7

2 12

3 11

재미가 솔솔

19까지의 수 모으기와 가르기를 해 봅시다

여러 가지 방법으로 가르기를 하여 아이들과 풍선을 연결해 봅시다.

24 25

앞에서 배운 기초를 바탕으로 응용 문제를 공부하고 수학 실력을 다집니다.

퍼즐, 미로 찾기, 붙임딱지 등의 다양한 활동으로 수학 공부를 마무리합니다.

등장 인물

또바기

'언제나 한결같이'를 뜻하는 우리말 이름을 가진 귀여운 돼지 친구입니다.

모도리

'빈틈없이 아주 야무진 사람'을 뜻하는 우리말 이름을 가진 아이입니다.

새로미

새로운 것에 호기심이 많고 쾌활하며 당차고 씩씩한 아이입니다.

차례

1 50까지의 수

2 여러 가지 모양(1)

★ 연습문제

부록

4단계

1. 50까지의 수

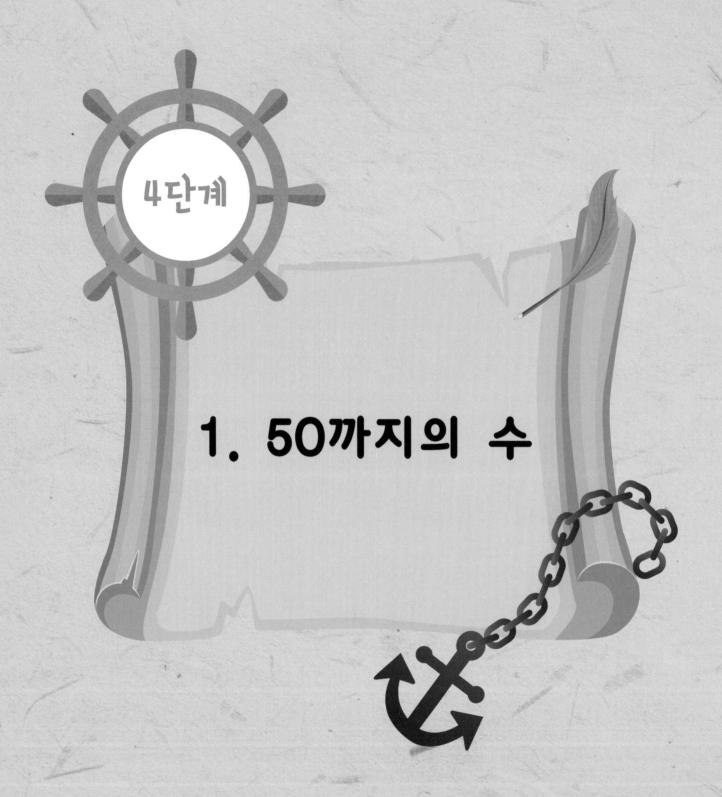

알아볼까요?

9 다음 수를 알아봅시다

친구들이 캔 고구마의 개수를 세고, 빈칸에 알맞은 수를 써 봅시다.

고구마를
9개 캤어.
1개 더 담아.
개
개

생각하기 1 또바기와 모도리가 가지고 있는 고구마는 각각 몇 개인가요?

생각하기 2 또바기와 모도리가 가지고 있는 고구마는 모두 몇 개인가요?

개념이 쏙쏙

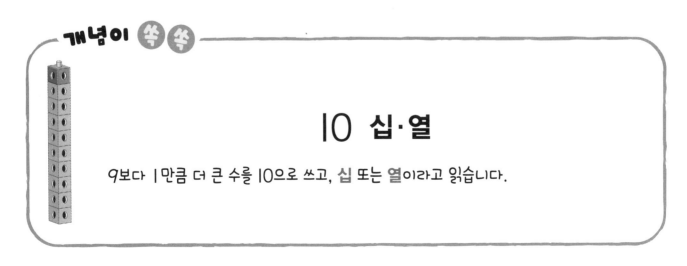

10 십·열

9보다 1만큼 더 큰 수를 10으로 쓰고, 십 또는 열이라고 읽습니다.

9 다음 수를 알아봅시다

10을 읽으면서 따라 써 봅시다.

10 십·열	10	10	10	10	10	10

토마토가 10개가 되도록 색칠해 봅시다.

1부터 10까지 여러 가지 방법으로 수를 세어 보고, 빈칸에 붙임딱지를 붙여 봅시다.

붙임딱지 1 활용

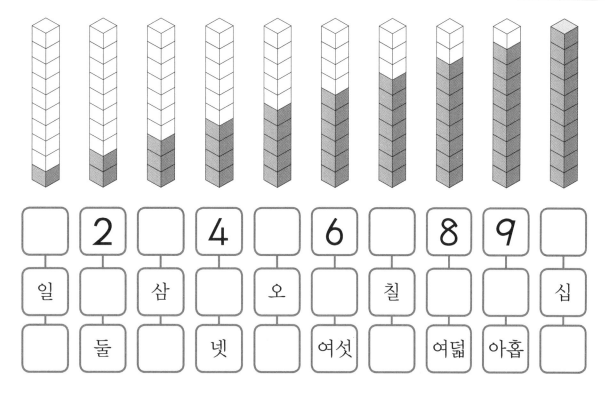

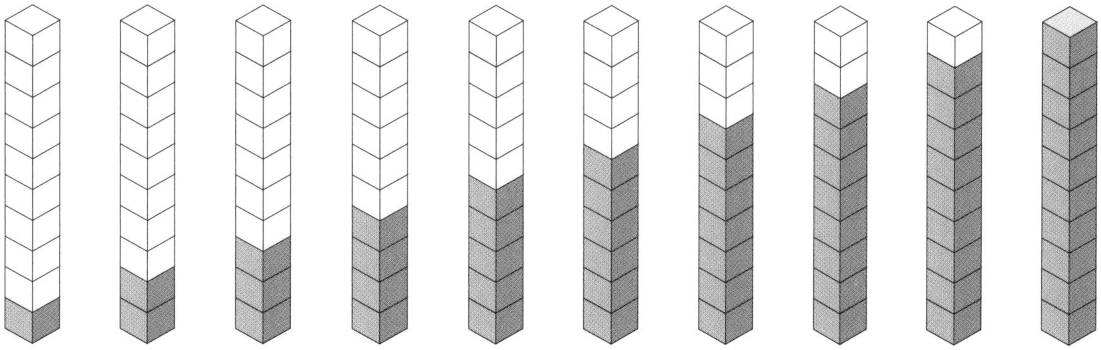

	2		4		6		8	9	
일		삼		오		칠			십
	둘		넷		여섯		여덟	아홉	

9 다음 수를 알아봅시다

10 모으기를 해 봅시다.

1

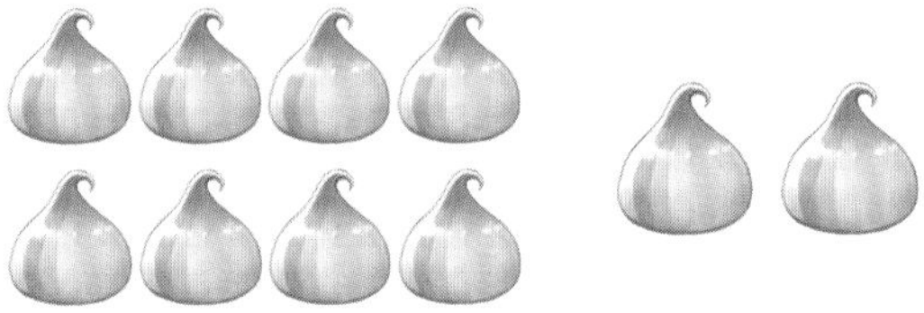

8 2

→ □

2

3 7

→ □

3

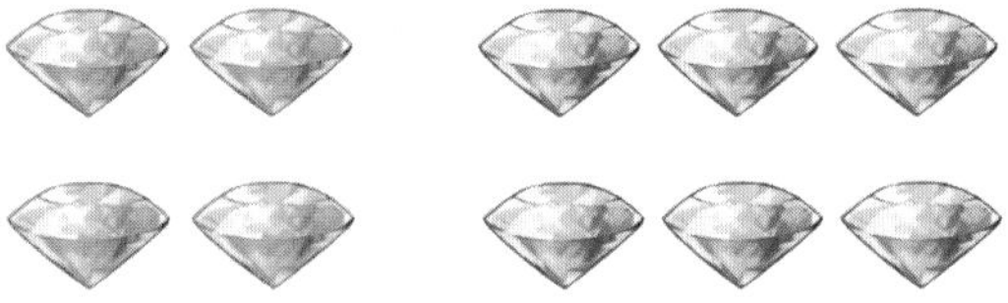

4 □

→ □

4

5 □

→ □

보기와 같이 10이 되도록 ○를 그려 봅시다.

보기

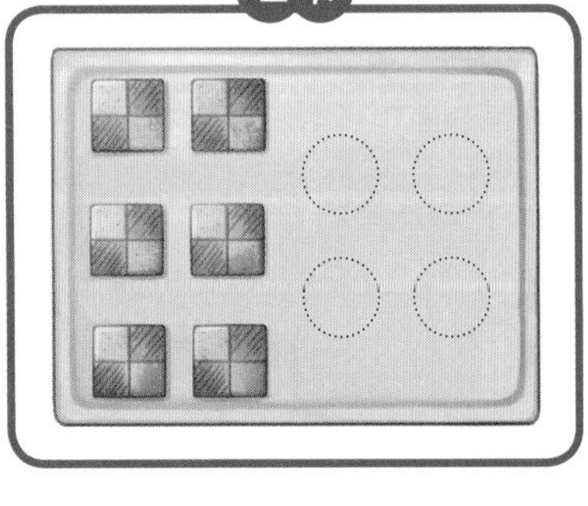

1

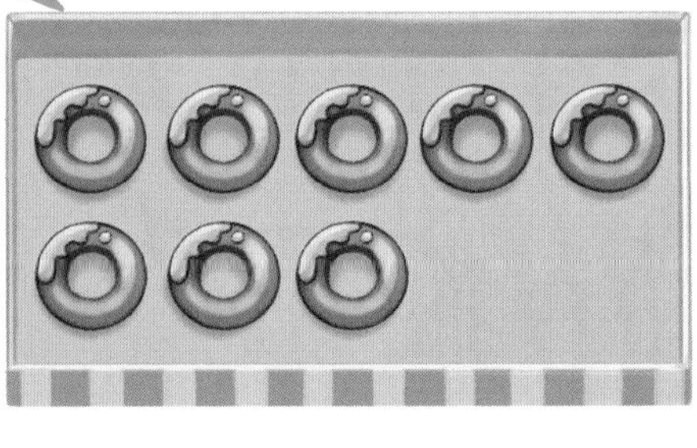

2

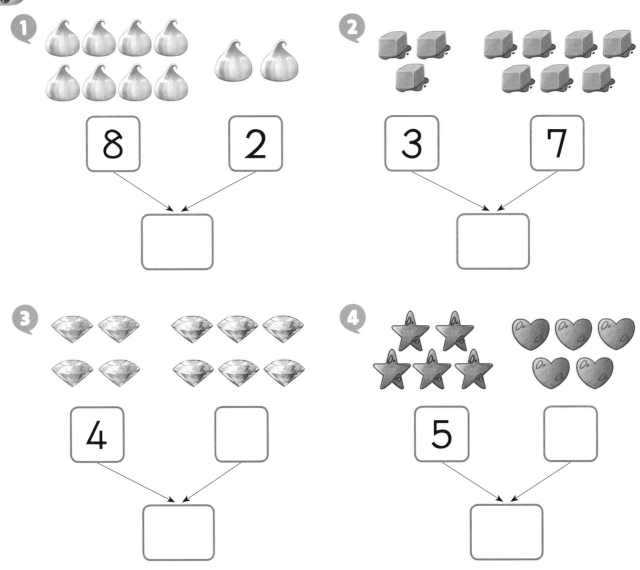

10 가르기를 해 봅시다.

❶

10 → 6, □

❷

10 → □, 2

❸

10 → □, □

❹

10 → □, □

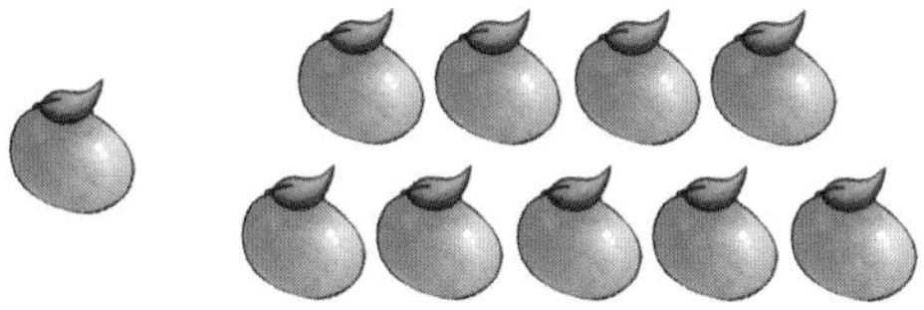

쓰러진 볼링핀의 개수를 세고, 빈칸에 수를 써 봅시다.

❶

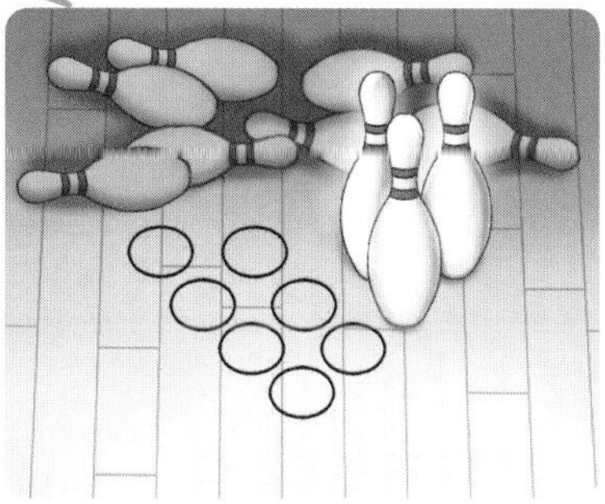

□

❷

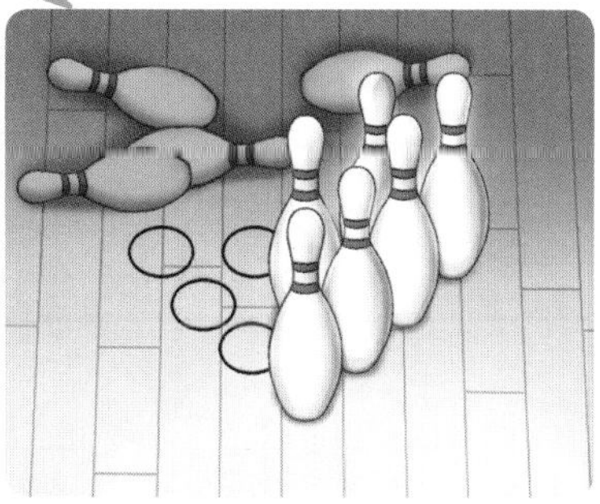

□

❸

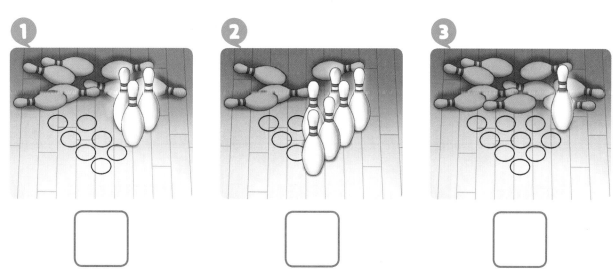

□

도시락에 유부초밥이 10개 들어 있습니다. 도시락 뚜껑에 가려진 유부초밥이 몇 개 있는지 빈칸에 알맞은 수를 써 봅시다.

1

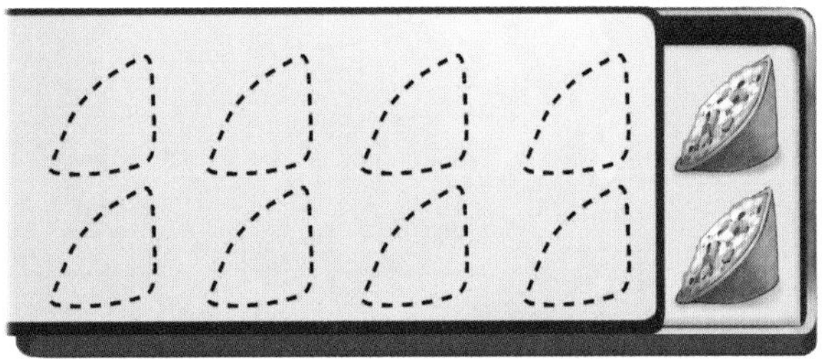

2

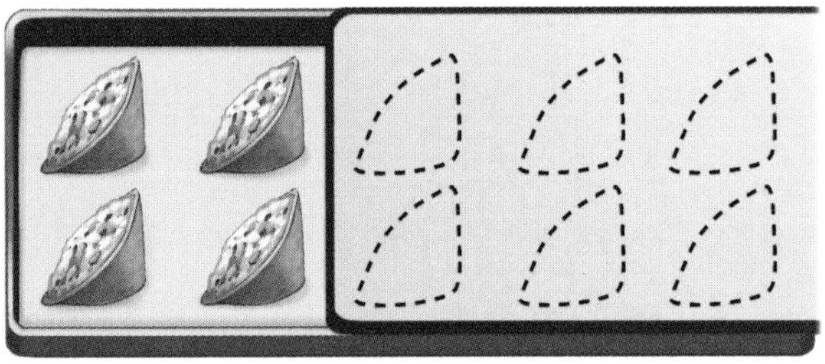

3

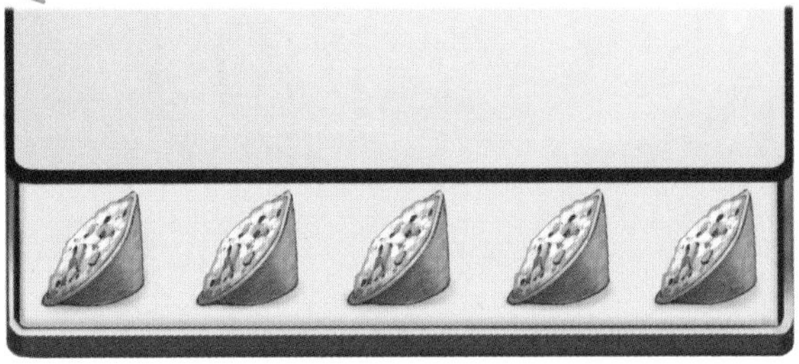

4

자동차 10대가 들어가는 주차장이 있습니다. 몇 대 더 주차할 수 있는지 빈칸에 알맞은 수를 써 봅시다.

1

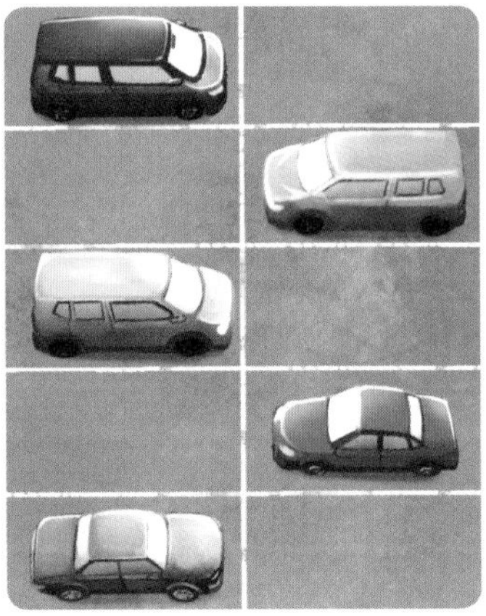

2

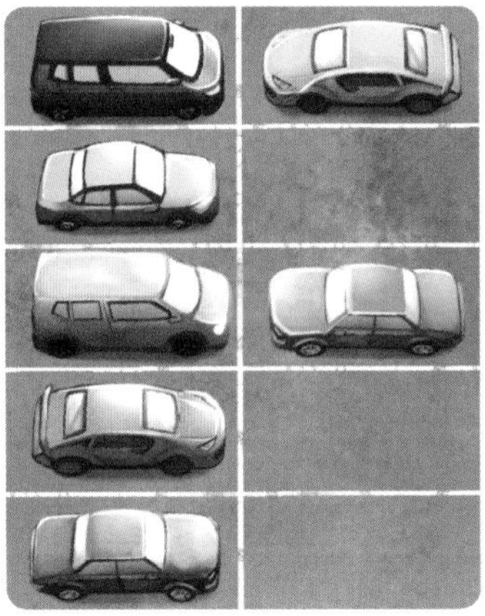

3

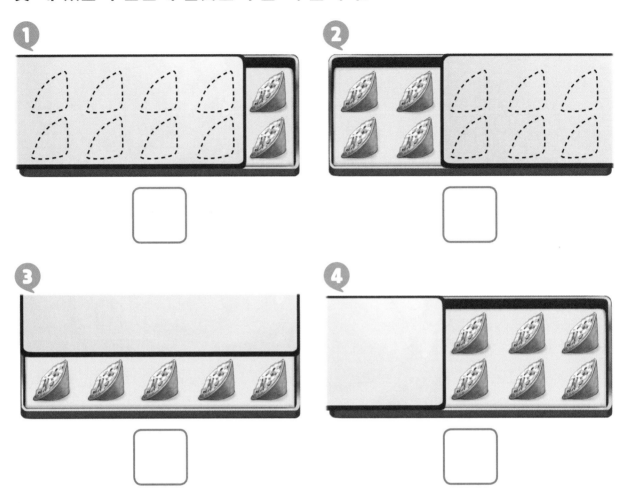

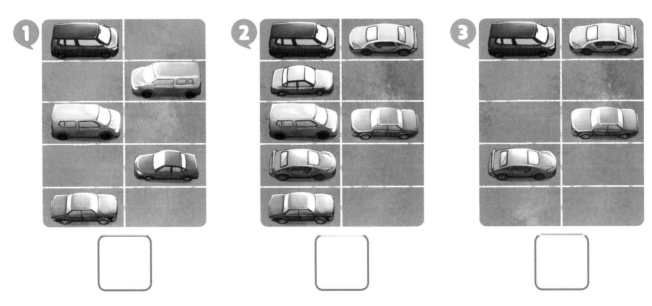

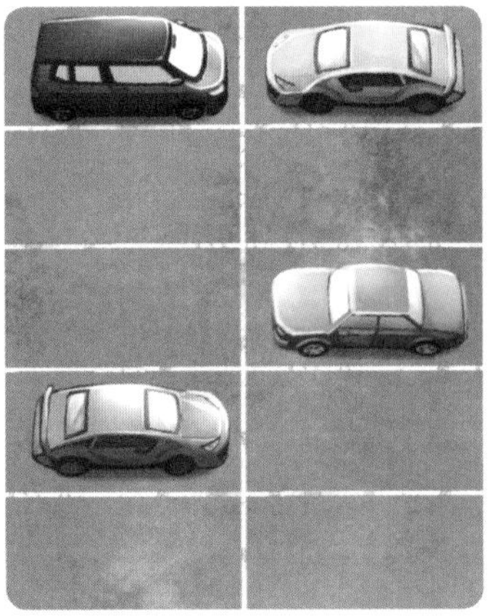

9 다음 수를 알아봅시다

친구들과 '10만들기 놀이'를 해 봅시다.

① 공깃돌 10개를 양손에 쥐고 흔들어 두 손으로 가릅니다.
② 두 손 중 한 손의 공깃돌을 보여 줍니다.
③ 친구들이 보여 주지 않은 다른 한 손에 있는 공깃돌이 몇 개인지 말합니다.
④ 공깃돌의 수를 맞히면 1점을 얻습니다.
⑤ 10번씩 해서 점수를 가장 많이 얻는 사람이 이기게 됩니다.

1

5

☐

2

☐

1

3

☐

8

4

3

☐

알아볼까요?

십몇을 알아봅시다

새로미가 산 과자의 개수를 세고, 빈칸에 알맞은 수를 써 봅시다.

이렇게 사면
과자는
모두 몇 개지?
개
개

생각하기 1 한 상자에는 과자가 몇 개 들어 있나요?

생각하기 2 새로미가 낱개로 산 과자는 몇 개인가요?

개념이 쏙쏙

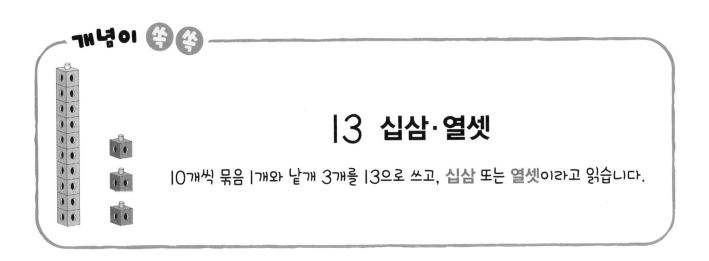

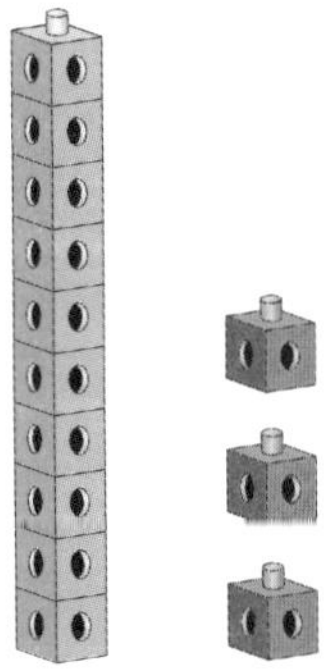

13 십삼·열셋

10개씩 묶음 1개와 낱개 3개를 13으로 쓰고, **십삼** 또는 **열셋**이라고 읽습니다.

십몇을 알아봅시다

보기와 같이 10개씩 묶어서 개수를 세고, 빈칸에 알맞은 수를 써 봅시다. 그리고 수를 읽어 봅시다.

보기

11 십일 · 열하나

1

☐ 십이 · 열둘

2

☐ 십삼 · 열셋

3

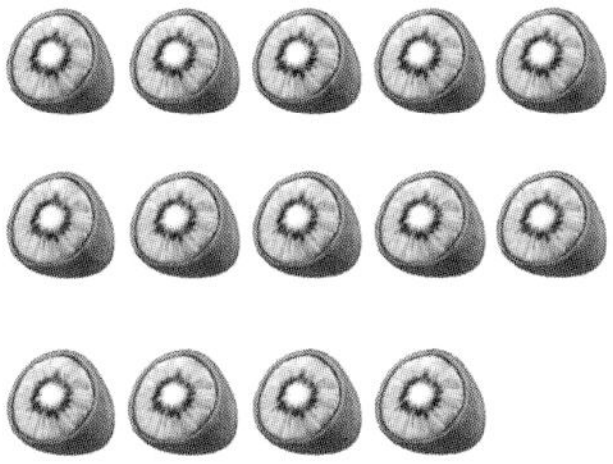

☐ 십사 · 열넷

4

☐ 십오 · 열다섯

5

☐ 십육 · 열여섯

6

☐ 십칠 · 열일곱

7

☐ 십팔 · 열여덟

8

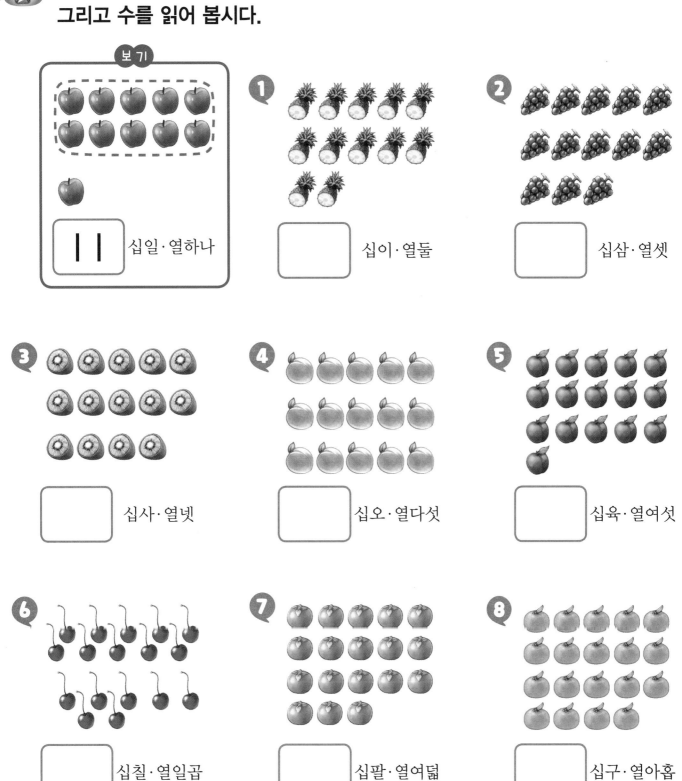

☐ 십구 · 열아홉

십몇을 알아봅시다

개수를 세어 빈칸에 알맞은 수를 써 봅시다.

1

10개씩 묶음이 1개,

낱개가 □ 개 있습니다.

2

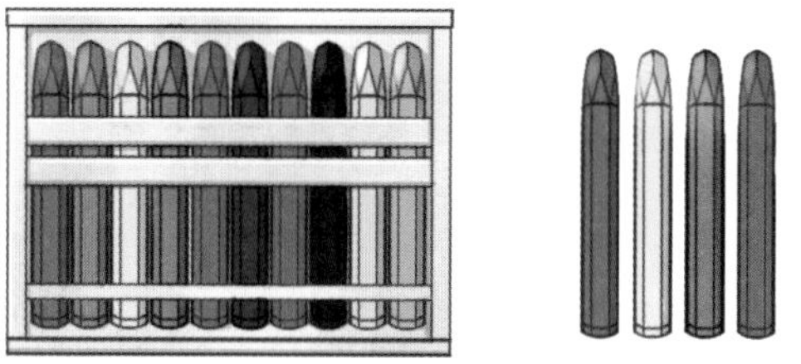

10개씩 묶음이 □ 개,

낱개가 4개 있습니다.

엘리베이터 층 버튼입니다. 빈칸에 알맞은 수를 써 봅시다.

재미가 솔솔

십몇을 알아봅시다

19부터 1까지 거꾸로 따라가며 거미줄을 탈출해 봅시다.

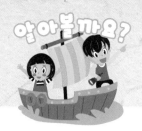

19까지의 수 모으기와 가르기를 해 봅시다

 귤과 오렌지의 개수를 세고, 빈칸에 알맞은 수를 써 봅시다.

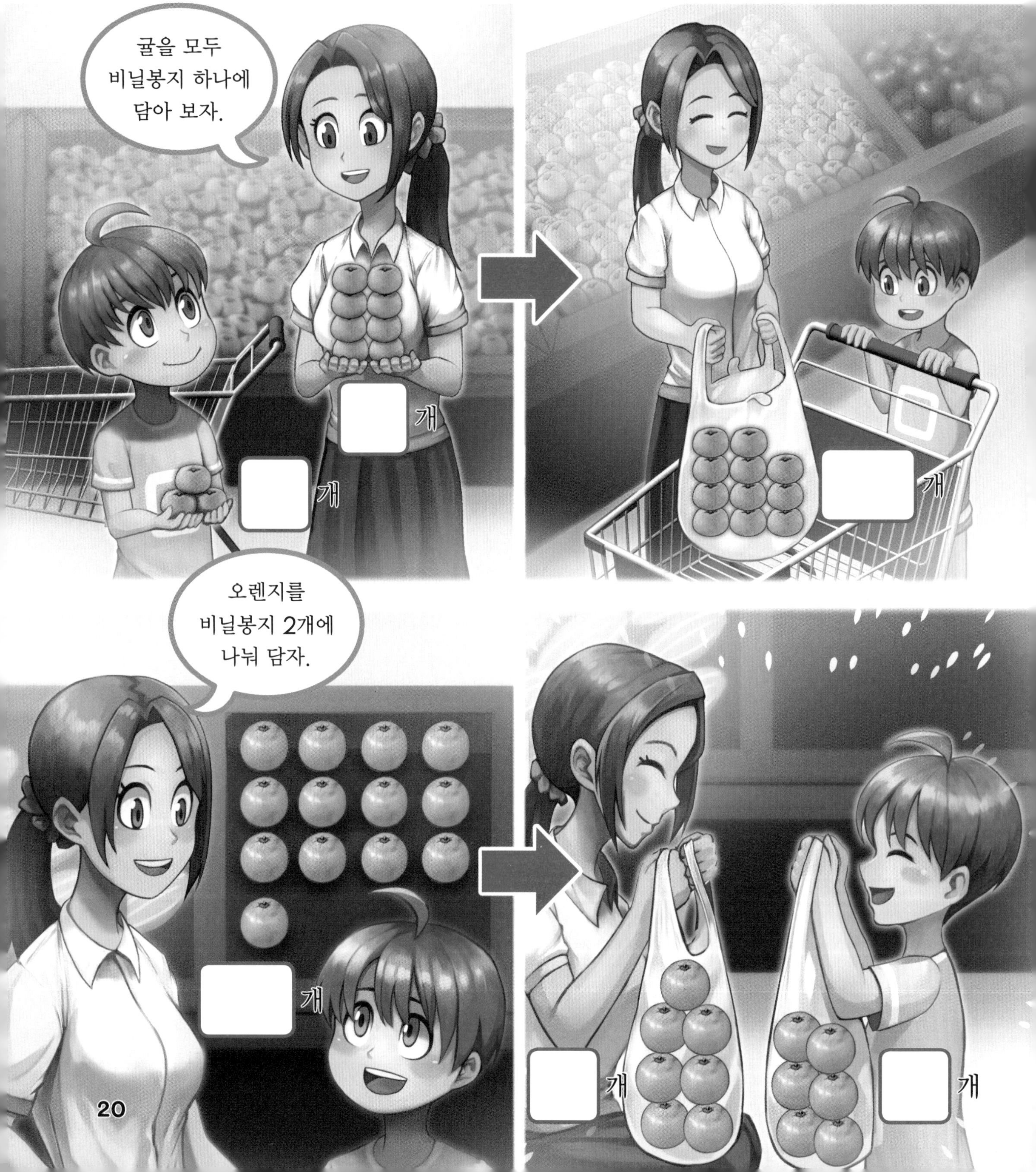

빈칸에 알맞은 수를 써 봅시다.

1

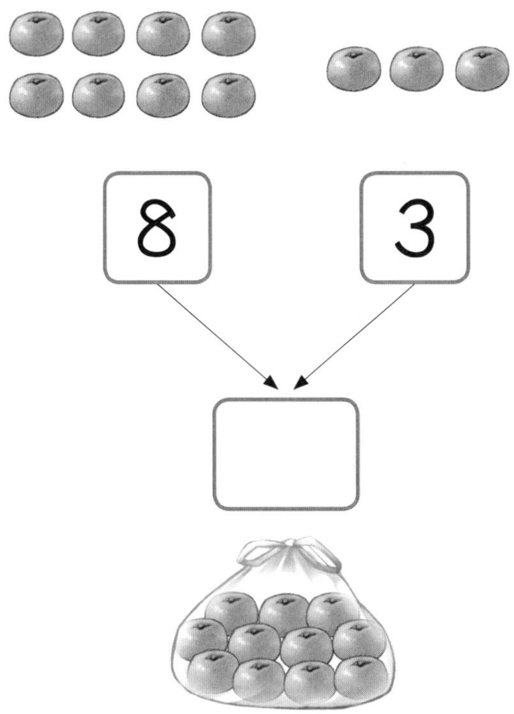

2

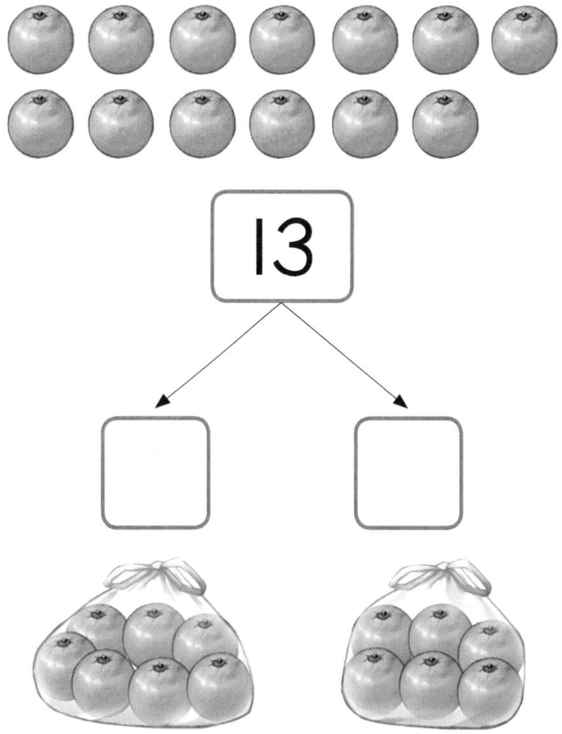

생각하기 1 모도리 어머니와 모도리는 귤을 각각 몇 개씩 골랐나요?

생각하기 2 비닐봉지에 담은 귤은 모두 몇 개인가요?

생각하기 3 진열대에 있는 오렌지는 모두 몇 개인가요?

생각하기 4 두 개의 비닐봉지에 오렌지를 각각 몇 개씩 나누어 담았나요?

개념이 쏙쏙

- 8과 3을 모으면 11이 됩니다. 8과 3을 모아서 11이 되는 것처럼 두 수를 함께 **모으기**를 할 수 있습니다.
- 13을 7과 6으로 가를 수 있습니다. 13을 7과 6으로 가르는 것처럼 수를 더 작은 두 수로 **가르기**를 할 수 있습니다.

한걸음 두걸음

19까지의 수 모으기와 가르기를 해 봅시다

1 보기와 같이 ○를 그리고, 모으기를 해 봅시다.

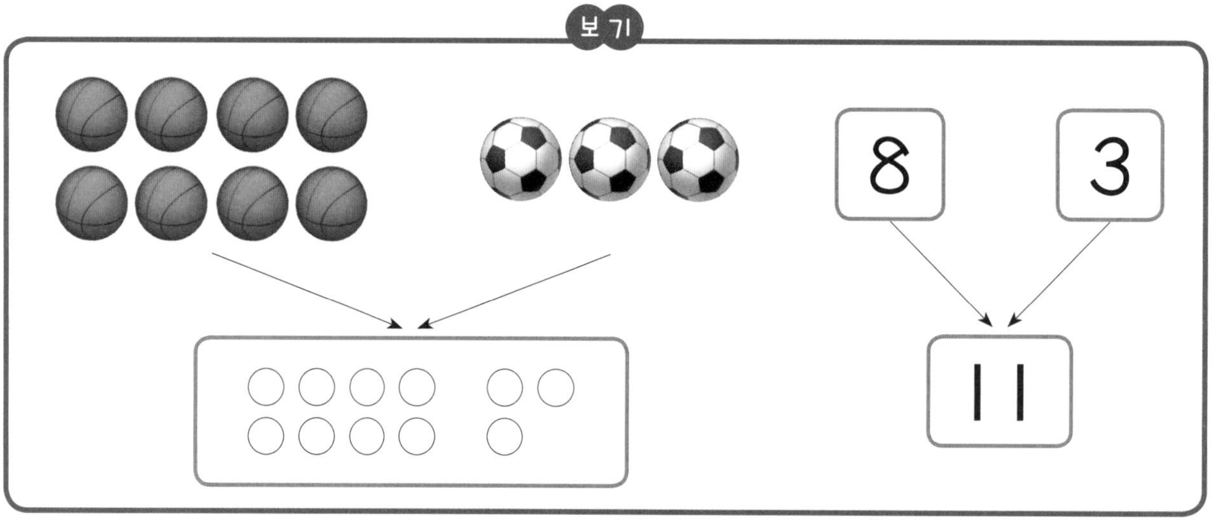

1
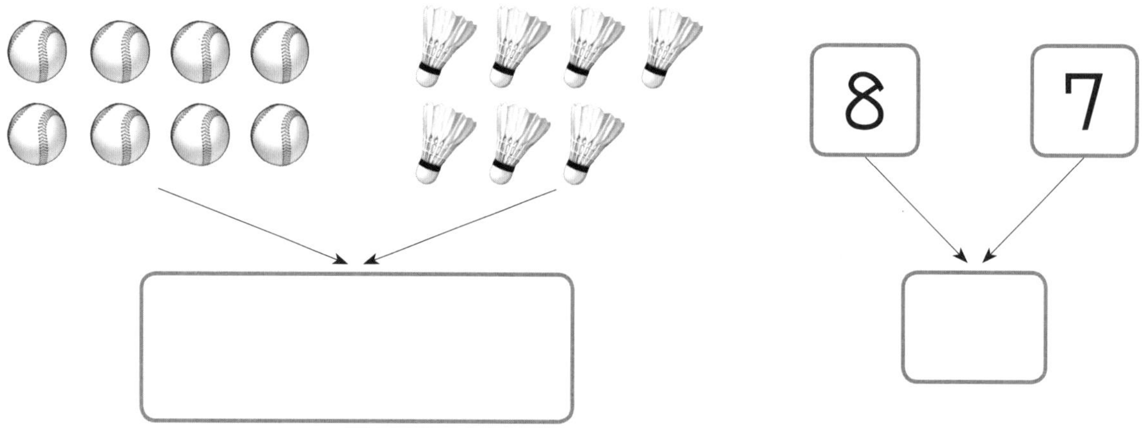

2
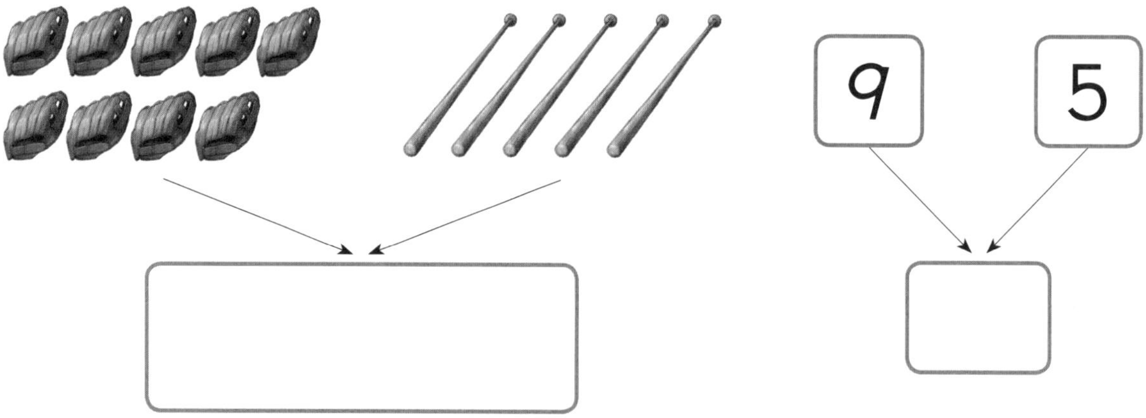

보기 와 같이 △를 그리고, 가르기를 해 봅시다.

보기

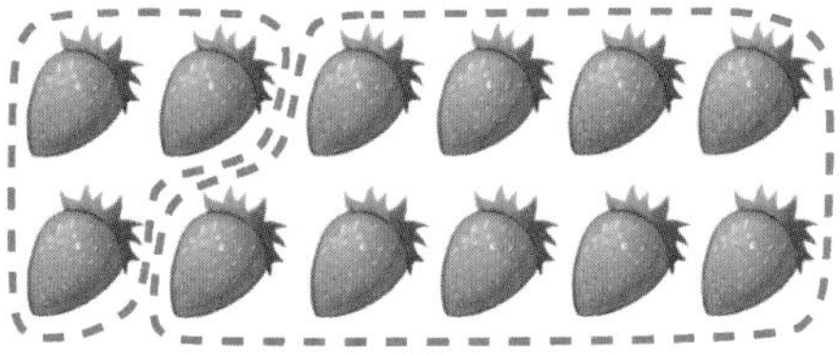

△△△	△△△△△ △△△△

12 → 3, 9

1

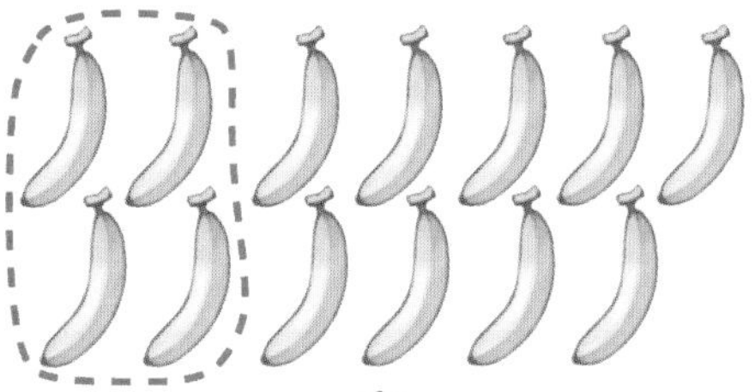

△△△△	

13 → 4, □

2

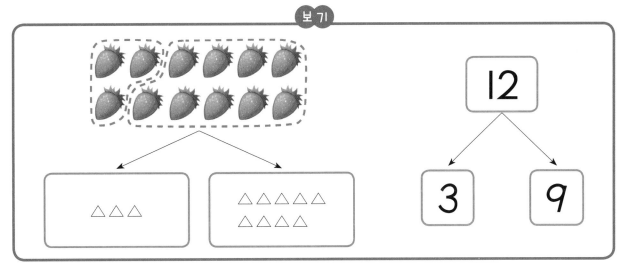

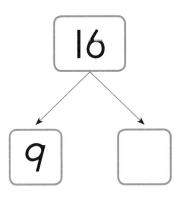

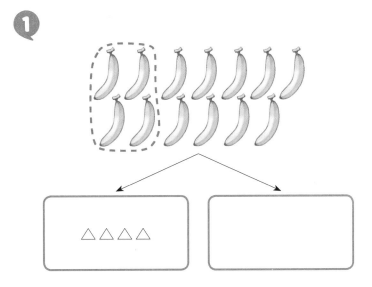

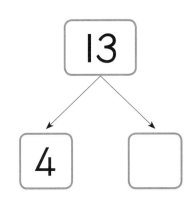

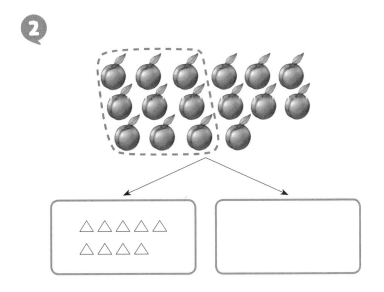

△△△△△ △△△△	

16 → 9, □

19까지의 수 모으기와 가르기를 해 봅시다

여러 가지 방법으로 □를 그리고, 가르기를 해 봅시다.

1

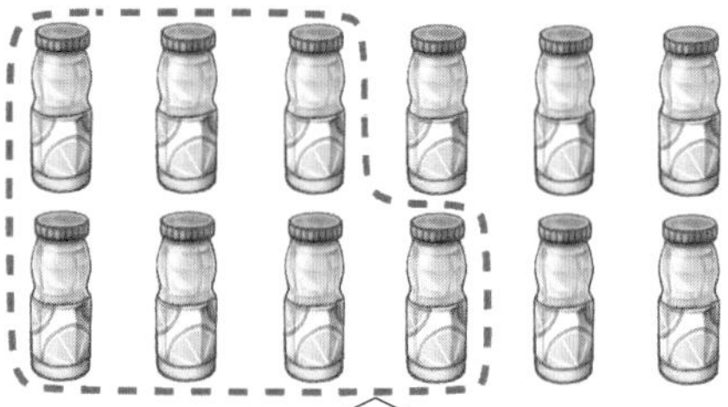

□□□□□ □□	□□□□□

12 → 7, □

2

□	□

12 → □, □

3

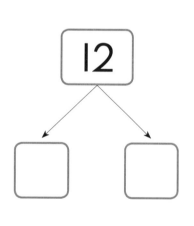

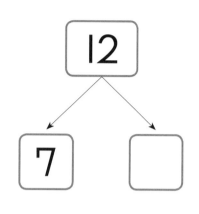

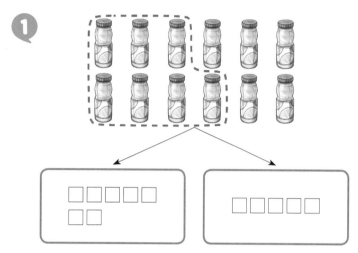

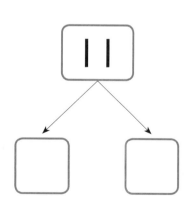

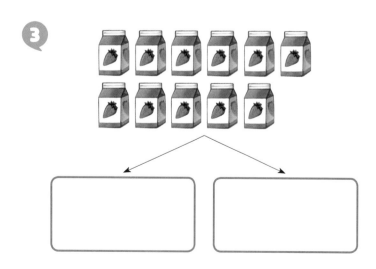

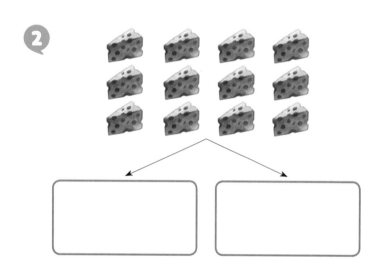

□	□

11 → □, □

19까지의 수 모으기와 가르기를 해 봅시다

여러 가지 방법으로 가르기를 하여 아이들과 풍선을 연결해 봅시다.

10개씩 묶어 세어 봅시다

알아볼까요?

복숭아의 개수를 세어 봅시다.

복숭아
먹자.
와!
맛있겠다!
10개씩 2상자면
복숭아는
모두 몇 개지?
개
개

생각하기 1 한 상자에 복숭아가 몇 개 들어 있나요?

생각하기 2 복숭아는 몇 상자가 있나요?

생각하기 3 복숭아는 모두 몇 개인가요?

개념이 쏙쏙

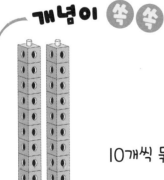

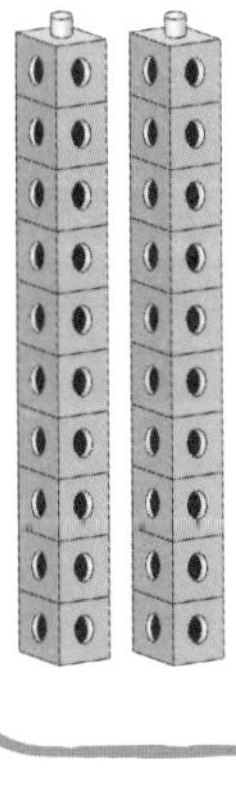

20 이십·스물

10개씩 묶음 2개를 20으로 쓰고, 이십 또는 스물이라고 읽습니다.

복숭아가 모두 몇 개인지 세어 빈칸에 알맞은 수를 쓰고, 따라 써 봅시다.

1

10개씩 ☐ 상자

20

10개씩 묶음 2개를 20이라고 하고, **이십** 또는 **스물**이라고 읽습니다.

2

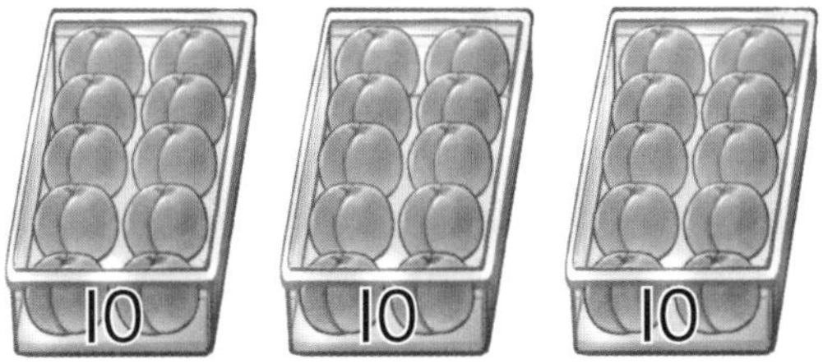

10개씩 ☐ 상자

30

10개씩 묶음 3개를 30이라고 하고, **삼십** 또는 **서른**이라고 읽습니다.

3

10개씩 ☐ 상자

40

10개씩 묶음 4개를 40이라고 하고, **사십** 또는 **마흔**이라고 읽습니다.

4

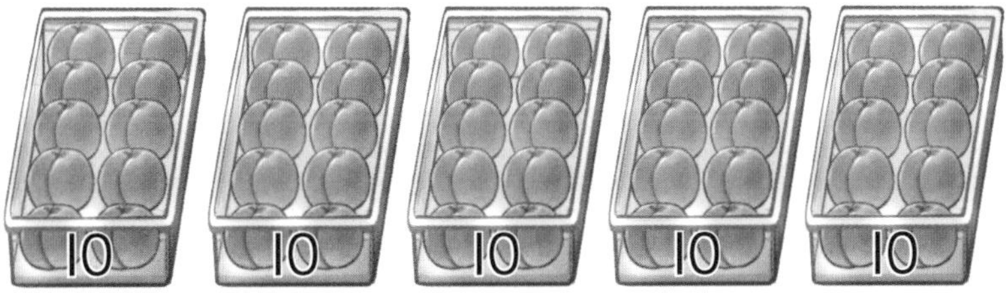

10개씩 ☐ 상자

50

10개씩 묶음 5개를 50이라고 하고, **오십** 또는 **쉰**이라고 읽습니다.

10개씩 묶어 세어 봅시다

따라 쓰면서 수를 바르게 읽어 봅시다.

10	20	30	40	50
열	스물	서른	마흔	쉰

빈칸에 알맞은 수를 써 봅시다.

10개씩 1묶음은 [10] 입니다. 10개씩 2묶음은 [ ] 입니다.

10개씩 3묶음은 [ ] 입니다. 10개씩 4묶음은 [ ] 입니다.

10개씩 5묶음은 [ ] 입니다.

알맞게 선을 연결해 봅시다.

20 ·	· 사십 ·	· 쉰
30 ·	· 오십 ·	· 스물
40 ·	· 이십 ·	· 서른
50 ·	· 삼십 ·	· 마흔

10개씩 묶어 세어 보고, 빈칸에 알맞은 수를 써 봅시다.

1

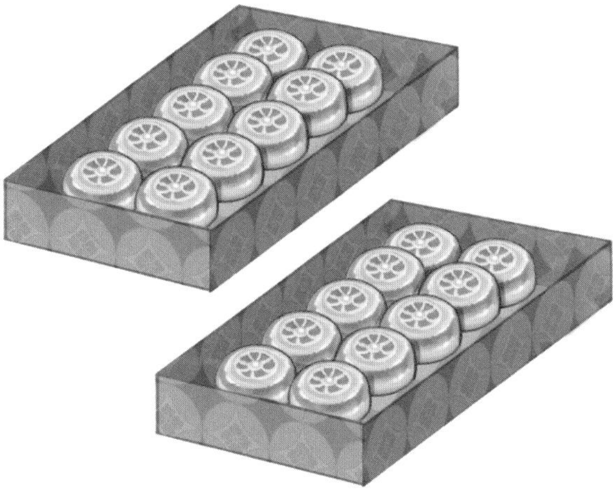

2

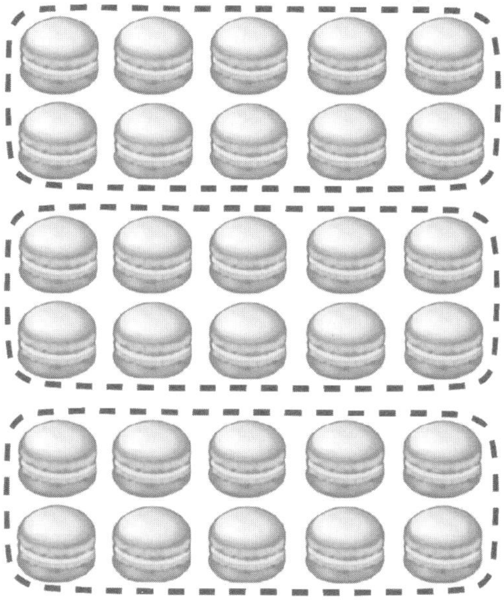

3

4

10개씩 묶어 세어 봅시다

그림의 채소를 10개씩 묶어 세어 보고, 빈칸에 알맞은 수를 써 봅시다.

1  10개씩 묶음이 [4] 개이므로 [40] 입니다.

2  10개씩 묶음이 [ ] 개이므로 [ ] 입니다.

3  10개씩 묶음이 [ ] 개이므로 [ ] 입니다.

4  10개씩 묶음이 [ ] 개이므로 [ ] 입니다.

10개씩 묶어 세어 봅시다

배에 적힌 숫자만큼 그물을 그려서 물고기를 잡아 봅시다.

50까지의 수를 세어 봅시다

도토리의 개수를 10개씩 묶어 세어 봅시다.

생각하기 1 10개씩 묶음과 낱개는 각각 몇 개인가요? 10개씩 묶음 ☐개, 낱개 ☐개

생각하기 2 친구들이 모은 도토리는 모두 몇 개인가요? ☐개

개념이 쏙쏙

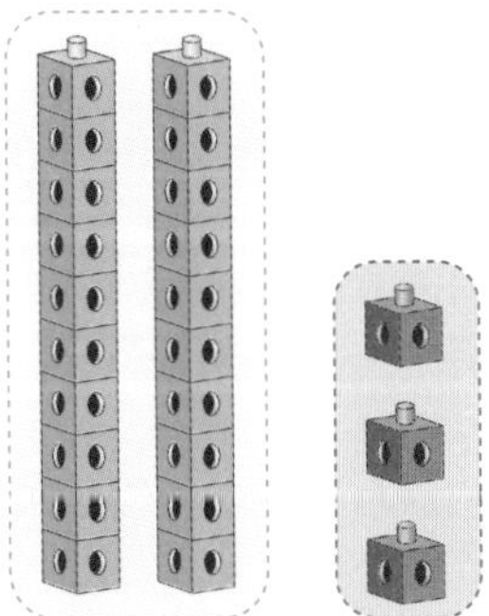

- 몇십몇의 수는 10개 묶음과 낱개로 나누어 수를 세고 읽습니다.
- 10개씩 묶음 2개와 낱개 3개를 23으로 쓰고, 이십삼 또는 스물셋이라고 읽습니다.

50까지의 수를 세어 봅시다

보기와 같이 10개씩 묶으면서 10개씩 묶음과 낱개의 수를 세고, 빈칸에 알맞은 수를 써 봅시다.

보기

10개씩 묶음	낱개
4	7

47

1

10개씩 묶음	낱개

2

10개씩 묶음	낱개

50까지의 수를 세어 봅시다

알맞게 선을 연결하고, 수를 바르게 읽어 봅시다.

1 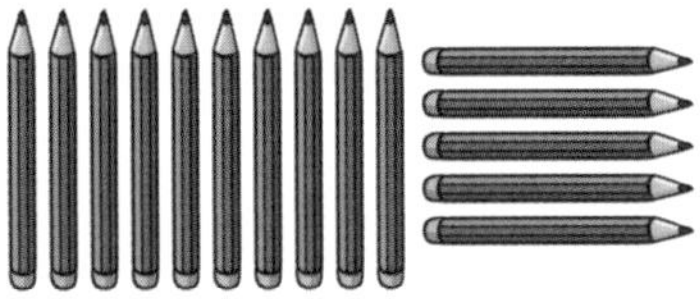	27	열다섯
2 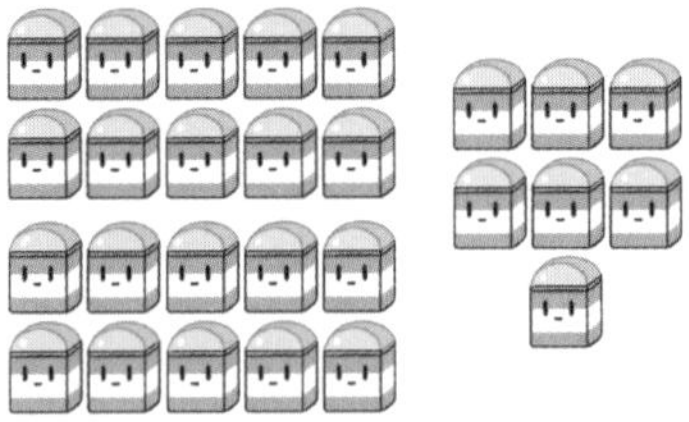	32	마흔여덟
3 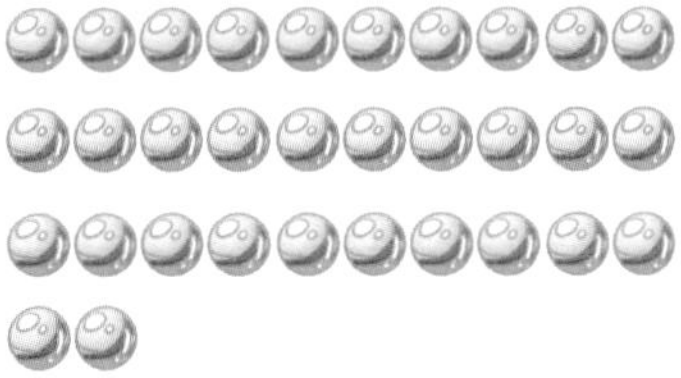	15	스물일곱
4 	48	서른둘

얼음의 개수를 세어 보고, 빈칸에 알맞은 수를 써 봅시다.

1 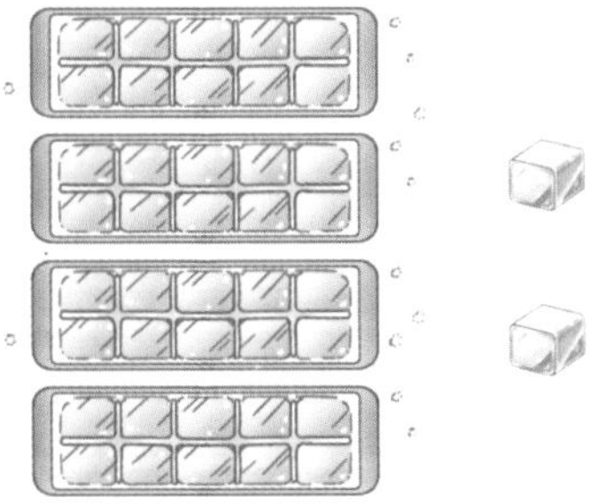

2 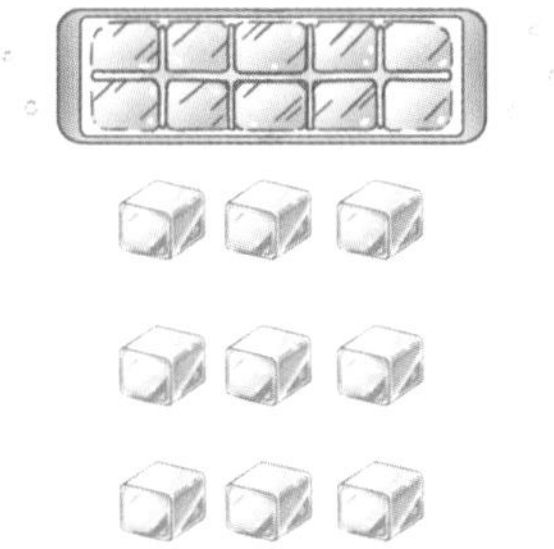

3 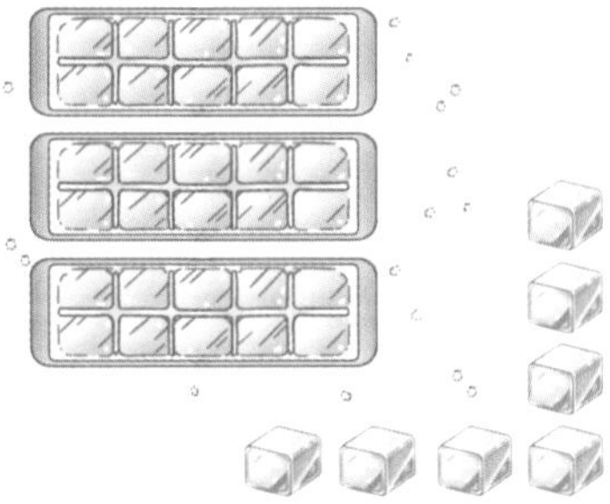

재미가 솔솔

50까지의 수를 세어 봅시다

비눗방울을 같은 수가 적힌 옷과 같은 색으로 색칠해 봅시다.

수의 순서를 알아봅시다

또바기가 읽은 동화책은 어디에 넣어야 하는지 ○표 해 봅시다.

생각하기 **1** 새로미가 읽은 동화책은 몇 권과 몇 권 사이에 넣어야 하나요?

생각하기 **2** 모도리가 읽은 동화책은 몇 권과 몇 권 사이에 넣어야 하나요?

한걸음 두걸음

수의 순서를 알아봅시다

Ⅰ 빈칸에 알맞은 수를 써 봅시다.

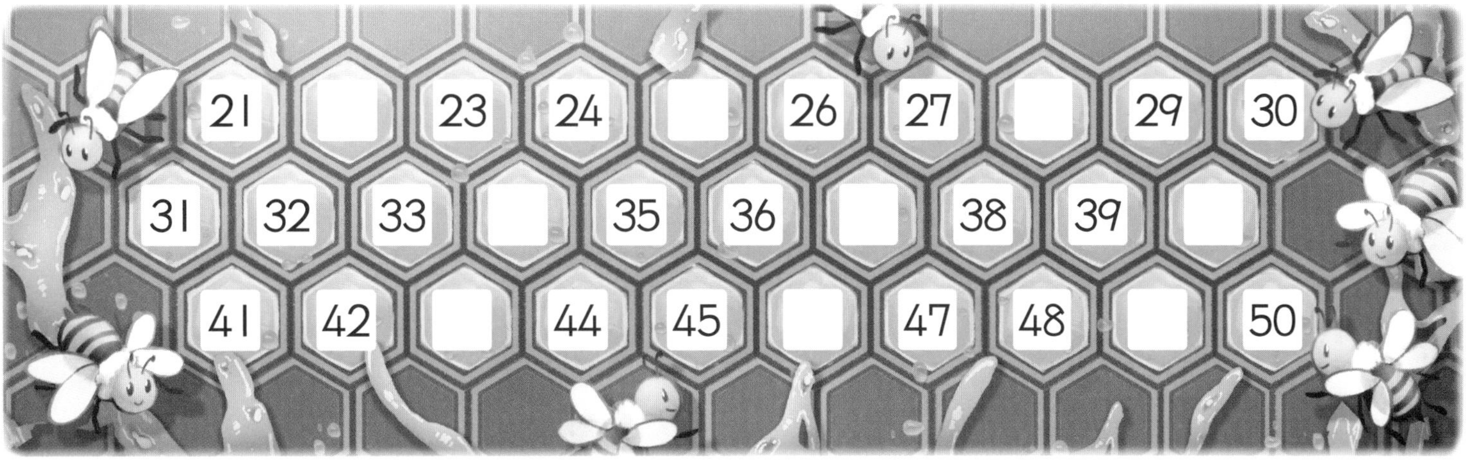

Ⅱ 1부터 50까지 수의 순서를 생각하며 영화관 의자에 번호를 알맞게 쓰고, 친구들의 자리를 찾아 번호판을 색칠해 봅시다.

수의 순서를 알아봅시다

1부터 50까지 수의 순서를 생각하며 신발장에 번호를 알맞게 쓰고, 친구들의 신발장을 찾아 ○표 해 봅시다.

수의 순서를 생각하며 버스 자리에 번호를 알맞게 쓰고, 친구들의 자리를 찾아 △표 해 봅시다.

수의 순서를 알아봅시다

1부터 50까지 순서대로 점을 이어 그림을 완성해 봅시다.

알아볼까요?

수의 크기를 비교해 봅시다

친구들이 딴 딸기의 개수를 살펴보고, 두 수의 크기를 비교해 봅시다.

누가 딸기를 더 많이 땄는지 비교해 볼까?
그래, 자신이 딴 딸기의 수를 세어 보자.

생각하기 1 모도리와 새로미가 딴 딸기는 각각 몇 개인가요?

모도리 ☐개, 새로미 ☐개

생각하기 2 누가 딸기를 더 많이 땄나요?

개념이 쏙쏙

- 두 수의 크기를 비교할 때는 10개 묶음의 수를 먼저 비교하고, 10개 묶음의 수가 같다면 낱개의 수를 비교합니다.
- 모도리의 딸기(34개)는 새로미의 딸기(28개)보다 10개 묶음이 더 많기 때문에, 모도리가 새로미보다 딸기가 더 많습니다.

수의 크기를 비교해 봅시다

채소나 열매의 수를 세어 수만큼 □를 색칠하고, 두 수의 크기를 비교해 봅시다.

1

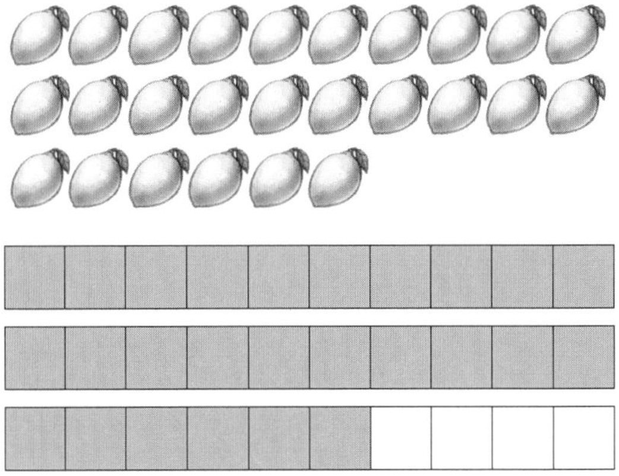

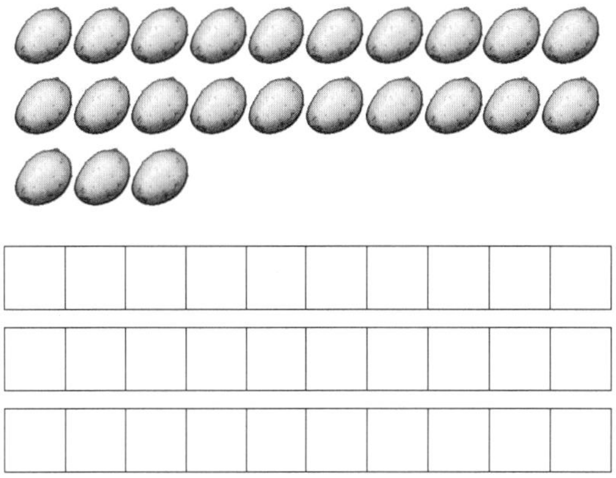

□ 은/는 23 보다 크고, 23 은/는 □ 보다 작습니다.

2

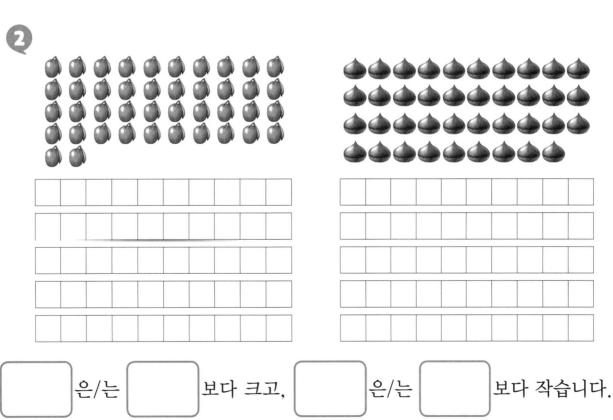

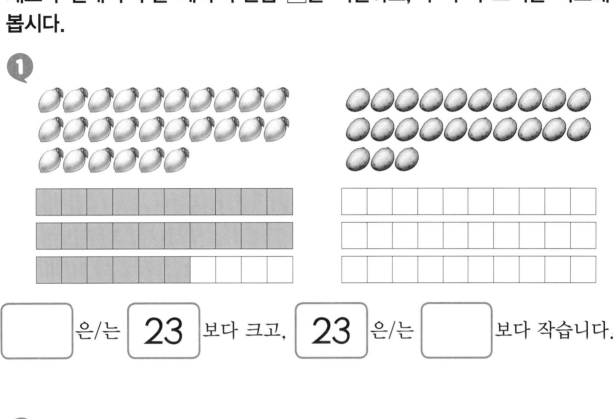

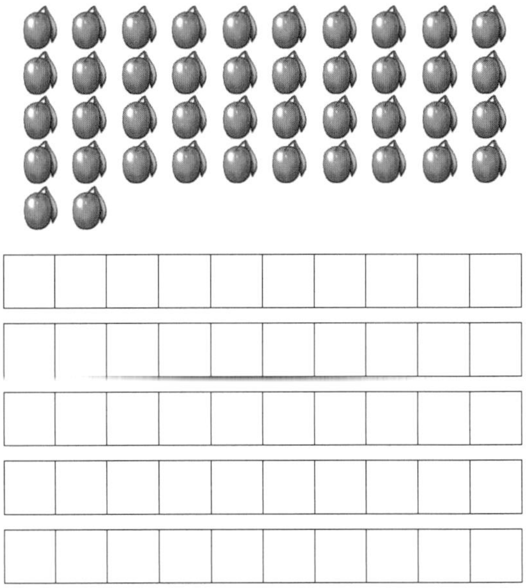

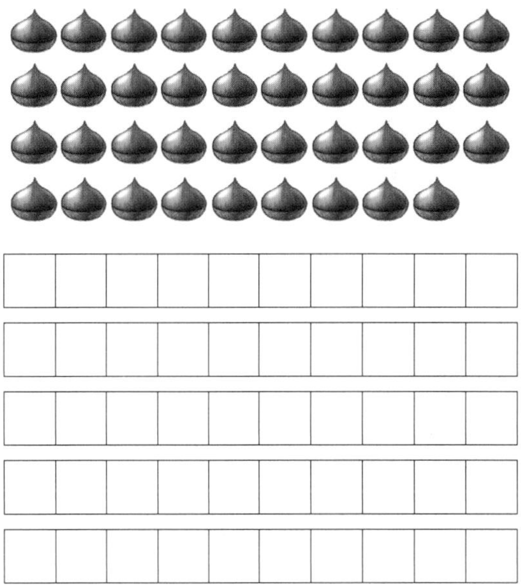

□ 은/는 □ 보다 크고, □ 은/는 □ 보다 작습니다.

수의 크기를 비교해 봅시다

수의 크기를 비교하여 가장 큰 수에는 ○표, 가장 작은 수에는 △표 해 봅시다.

1

2

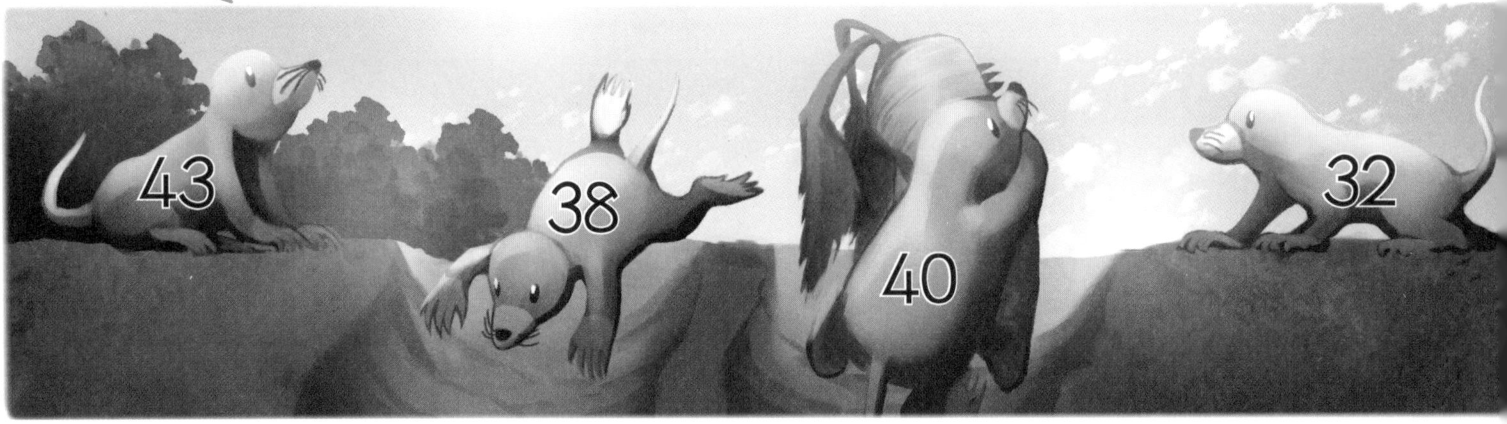

3

재미가 솔솔

수의 크기를 비교해 봅시다

수가 가장 작은 쪽을 따라 가 친구들을 찾아봅시다.

4단계

2. 여러 가지 모양(1)

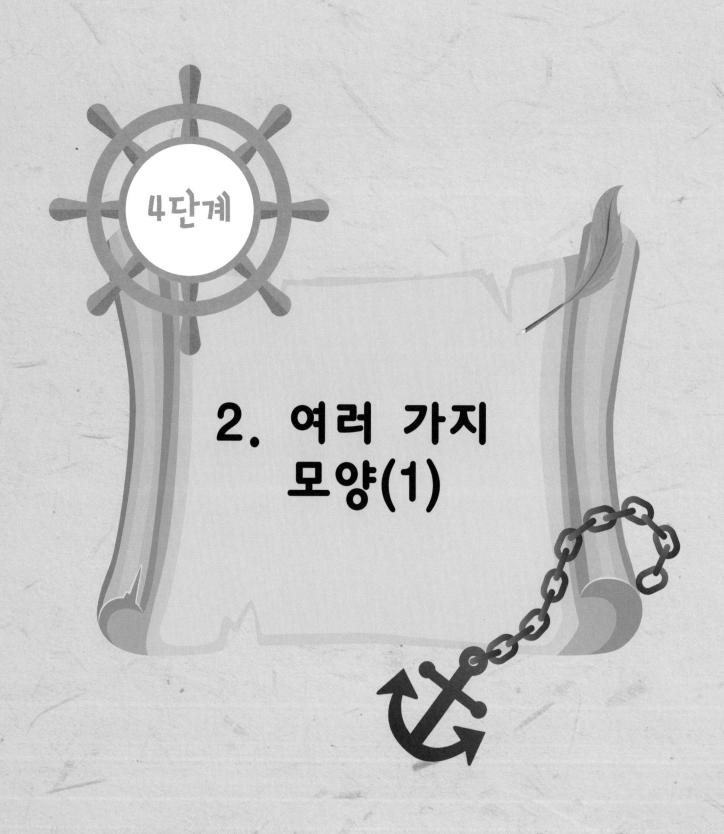

여러 가지 모양을 알아봅시다 -입체도형-

모도리의 방을 보고 붙임딱지를 붙여 봅시다.

붙임딱지 ❶ 활용

비슷한 모양끼리 나누어 보았습니다. 빠진 물건을 붙임딱지로 붙여 봅시다.

붙임딱지 ① 활용

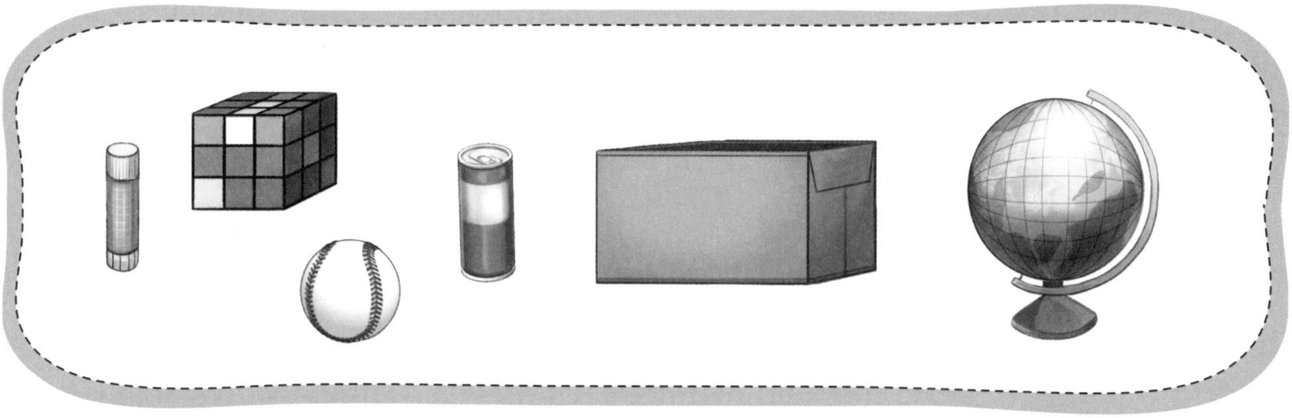

생각하기 1 와 은 어떤 모양인가요? 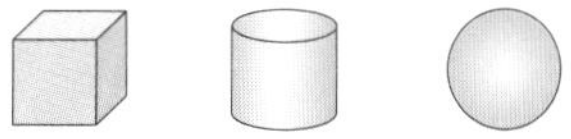

생각하기 2 와 은 어떤 모양인가요? 

생각하기 3 와 은 어떤 모양인가요? 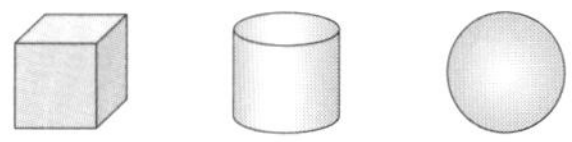

개념이 쏙쏙

우리 주변의 여러 가지 모양의 물건들을 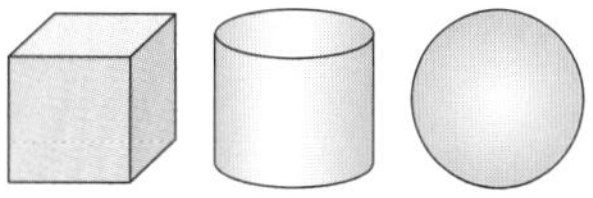 모양과 **비슷한 것끼리** 묶어서 나누어 볼 수 있습니다.

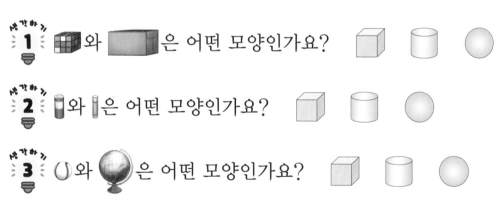

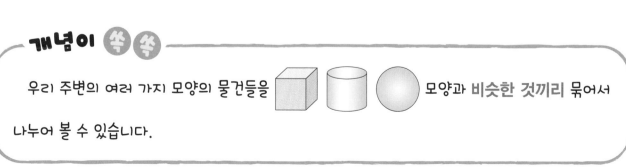

여러 가지 모양을 알아봅시다 -입체도형-

비슷한 모양을 찾아 선으로 연결해 봅시다.

1

2
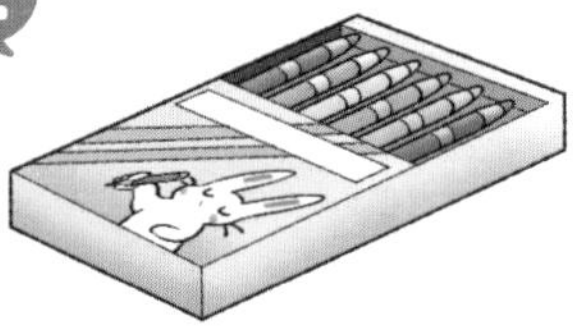

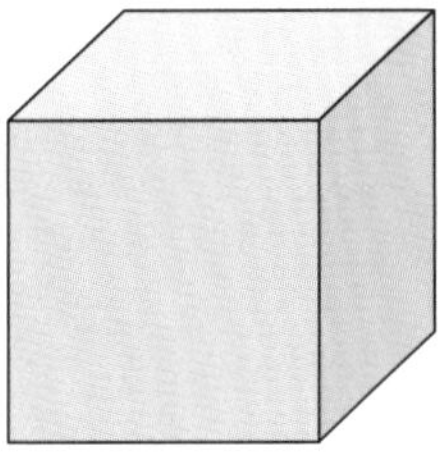

3

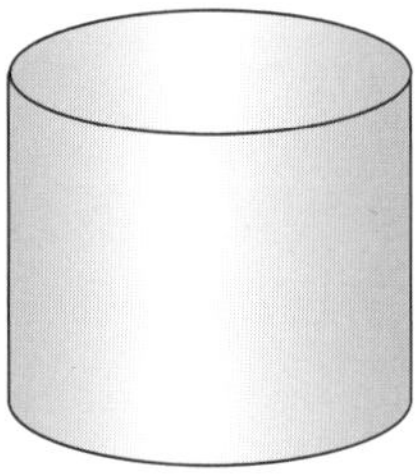

4

5

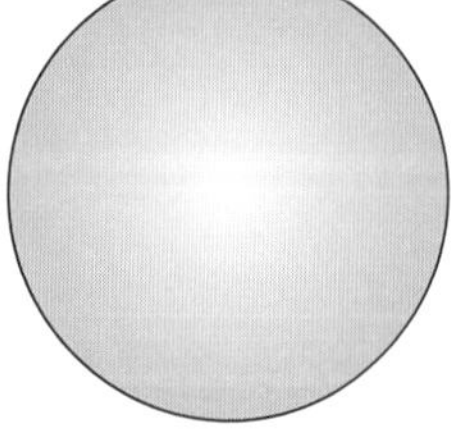

6
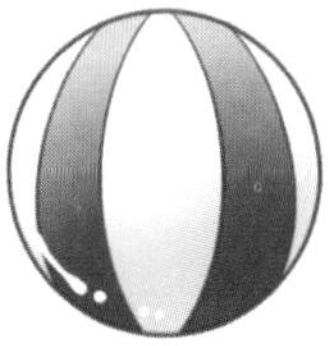

새로미가 찍은 사진입니다. 보기와 같이 사진 속의 물건과 비슷한 모양을 찾아 ○표 해 봅시다.

보기

1

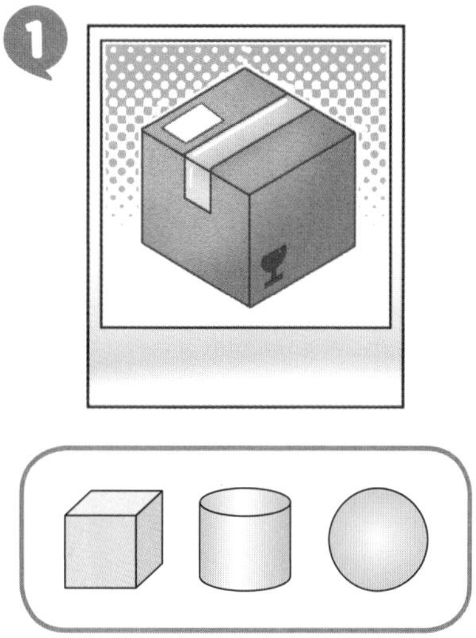

2

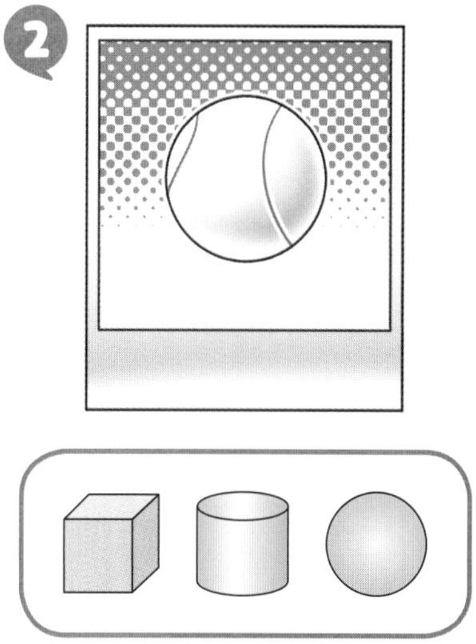

3

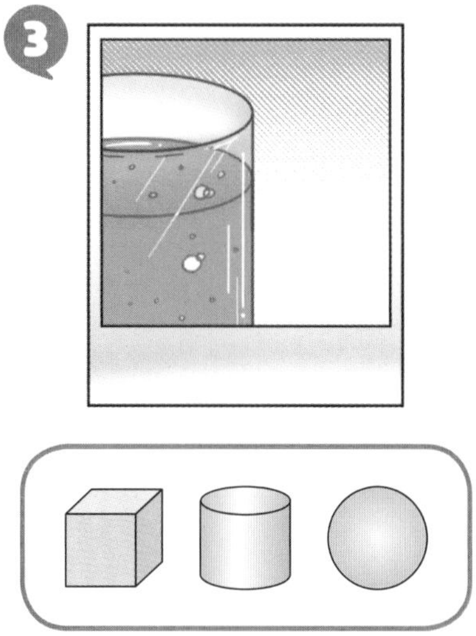

4

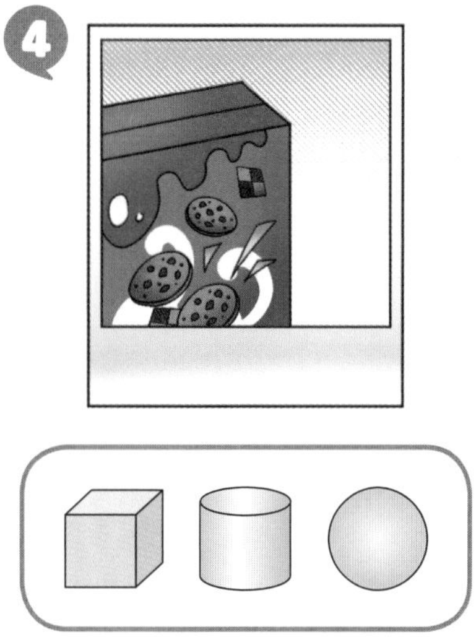

5

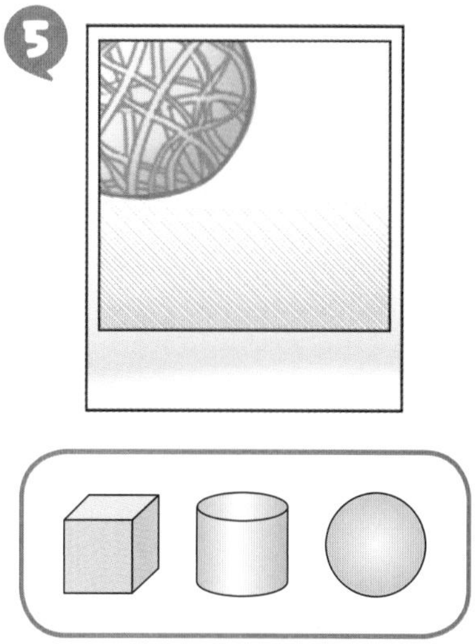

6

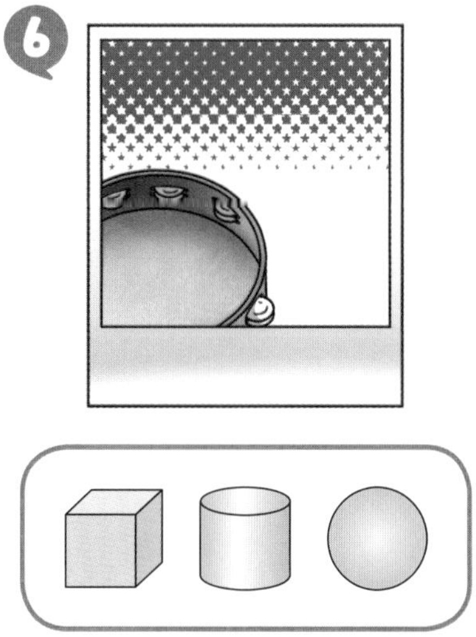

7

8

여러 가지 모양을 알아봅시다 -입체도형-

또바기가 만든 작품에서 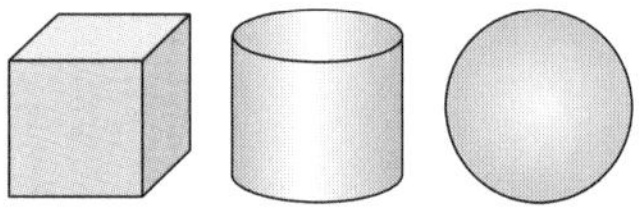 모양이 몇 개인지 세어 빈칸에 써 봅시다.

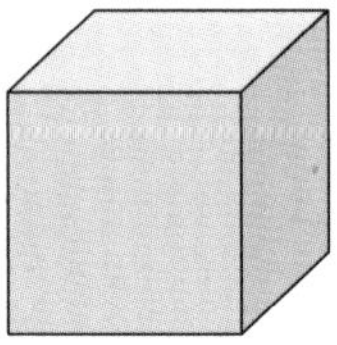 ☐개 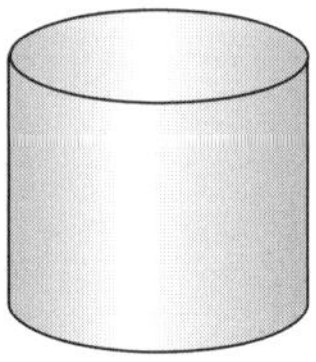 ☐개 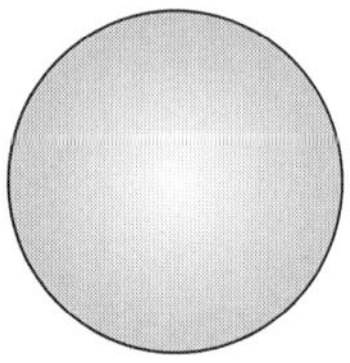 ☐개

여러 가지 모양을 알아봅시다 -입체도형-

두 그림에서 다른 곳을 3군데 찾아 ○표 해 봅시다.

알아볼까요?

여러 가지 모양을 알아봅시다 -평면도형-

그림에서 다양한 모양들을 찾아봅시다.

비슷한 모양끼리 나누어 보았습니다. 어떤 모양인지 붙임딱지를 붙여 봅시다.

붙임딱지 2 활용

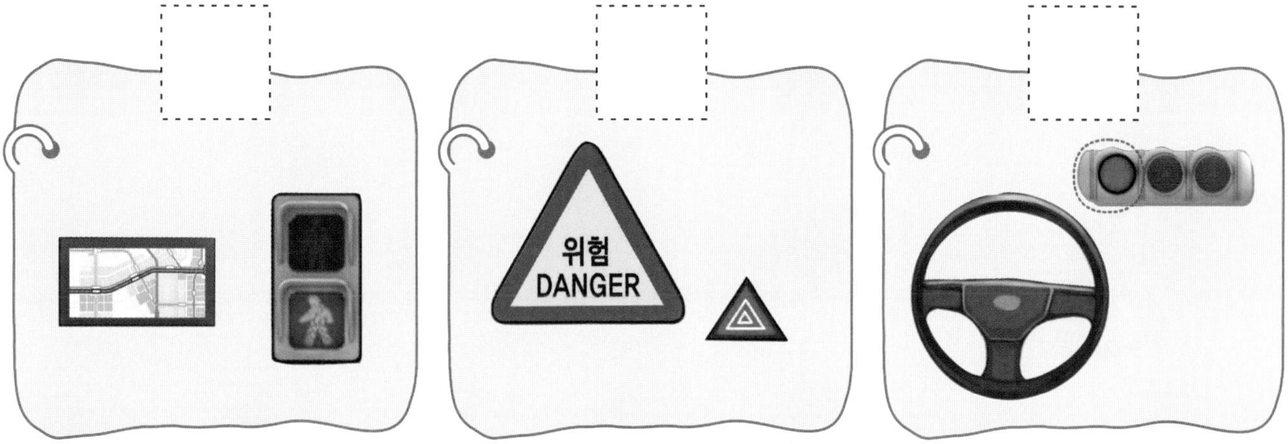

생각하기 1 와 은 어떤 모양인가요?

생각하기 2 와 은 어떤 모양인가요?

생각하기 3 와 은 어떤 모양인가요?

개념이 쏙쏙

- 와 같은 모양을 **네모** 모양이라고 합니다.
- 와 같은 모양을 **세모** 모양이라고 합니다.
- 와 같은 모양을 **동그라미** 모양이라고 합니다.

여러 가지 모양을 알아봅시다 -평면도형-

1 비슷한 모양을 찾아 선으로 연결해 봅시다.

1 

•　　　　•

2 
•　　　　•
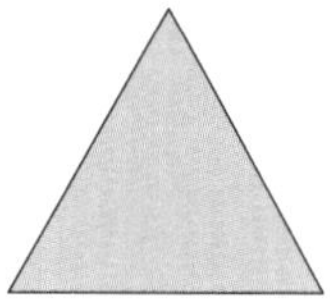

3 
•　　　　•

2 요술 램프에서 여러 가지 물건들이 나왔습니다. 네모 모양은 □표, 동그라미 모양은 ○표, 세모 모양은 △표 해 봅시다.

비슷한 모양끼리 나누어 붙임딱지를 붙여 봅시다.

붙임딱지 2 활용

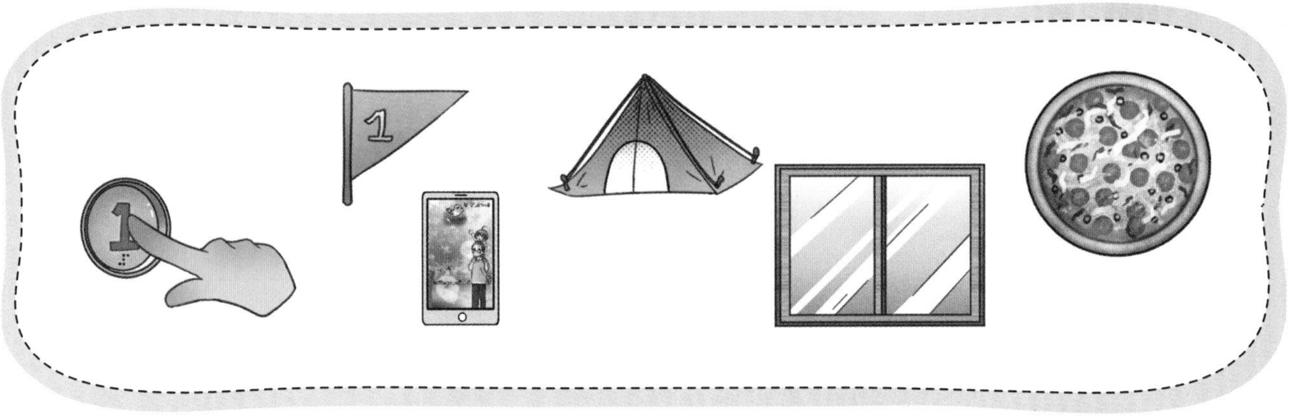

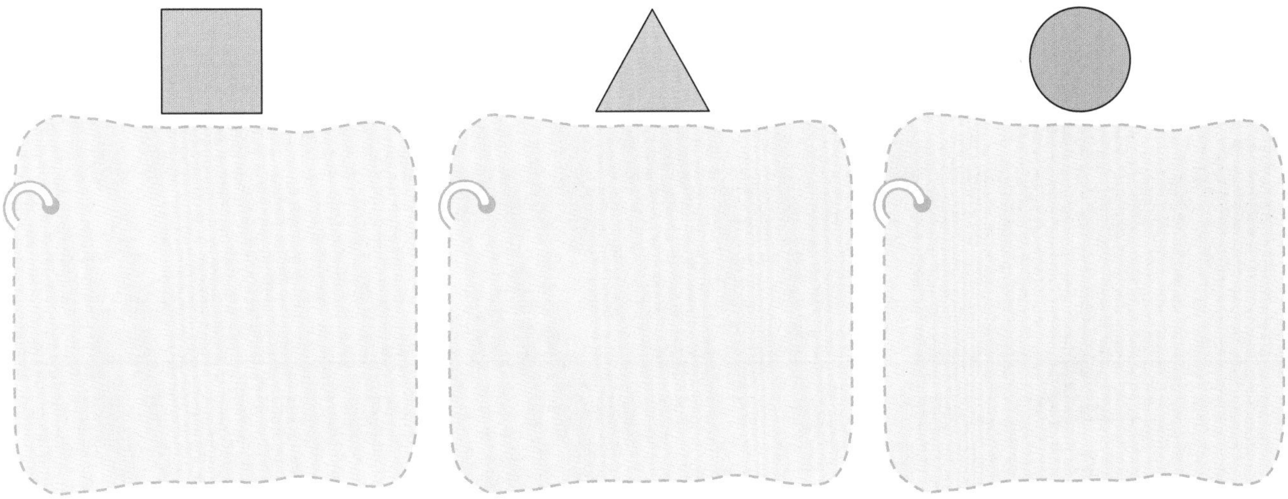

해당되는 모양에 ○표 해 봅시다.

1

네모 세모 동그라미

2

네모 세모 동그라미

3

네모 세모 동그라미

여러 가지 모양을 알아봅시다 -평면도형-

모도리가 만든 작품에서 ■ ▲ ● 모양이 몇 개인지 세어 봅시다.

■ ☐개　▲ ☐개　● ☐개

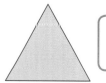

여러 가지 모양을 알아봅시다 -평면도형-

케이크를 먹은 모양을 파란색으로 색칠해 봅시다.

케이크를 먹은 모양은 3개의 뾰족한 곳이 있었어.
케이크를 먹은 모양은 시계와 비슷한 모양이야.

알아볼까요?

똑같이 나누어 봅시다

케이크를 똑같이 먹을 수 있게 반으로 나누어 봅시다.

와 맛있겠다.
똑같이 나누어 먹자.

생각하기 1 케이크를 반으로 똑같이 나누면 몇 조각이 되나요?

생각하기 2 케이크 조각들의 크기와 모양은 어떤지 비교해 보세요.

개념이 쏙쏙

똑같이 나누어진 것은 **크기**와 **모양**이 같아 서로 맞대어 보았을 때 완전히 포개어집니다.

똑같이 나누어 봅시다

Ⅰ 똑같이 나누어진 피자를 찾아 빈칸에 ○표 해 봅시다.

1

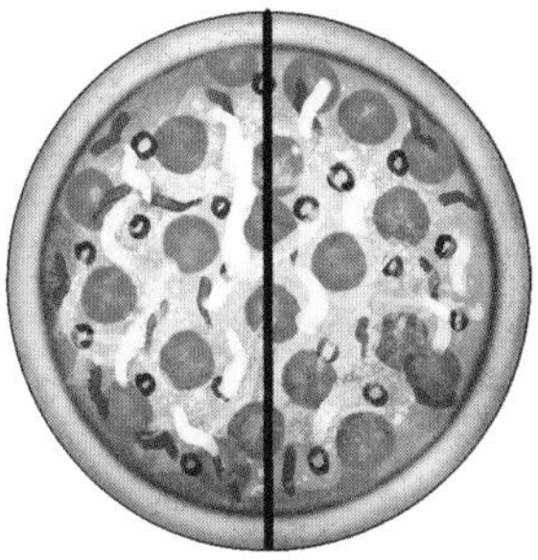 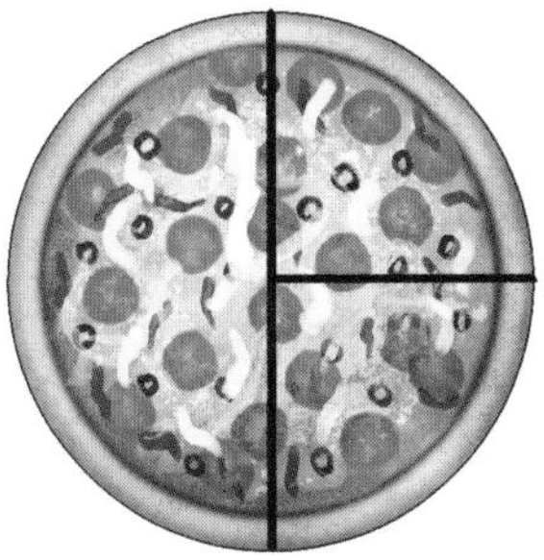 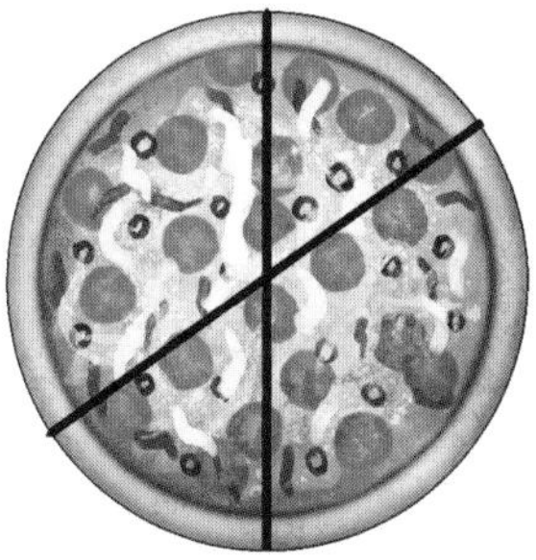

( ) ( ) ( )

2

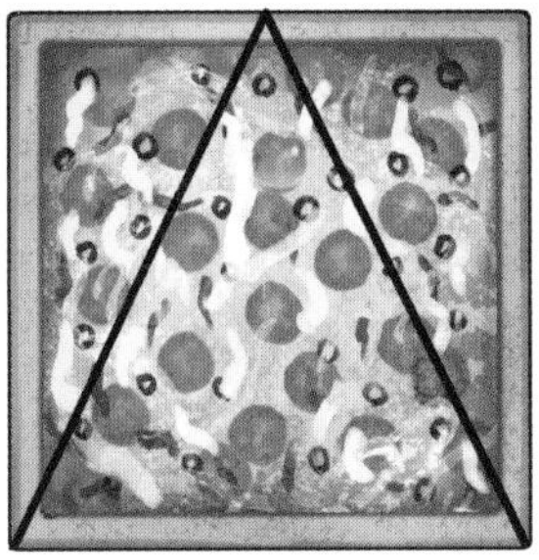 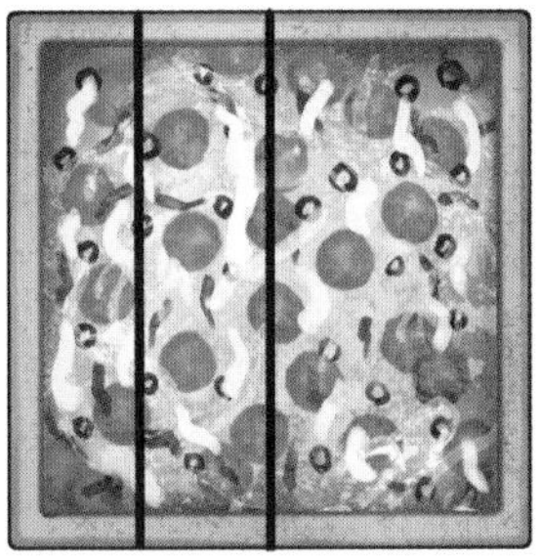 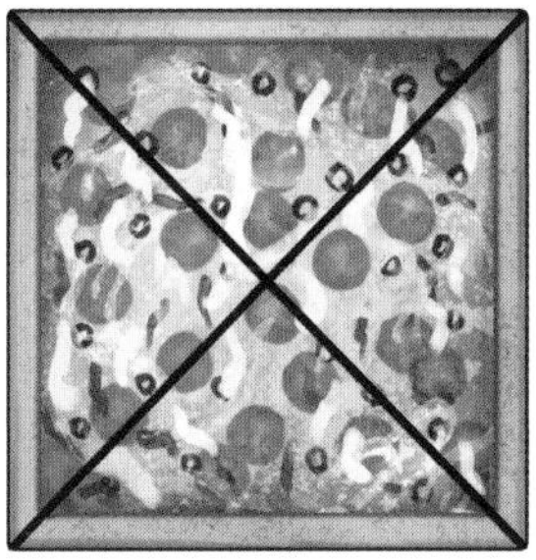

( ) ( ) ( )

Ⅱ 크기가 같은 조각이 몇 개 있는지 빈칸에 써 봅시다.

1

□ 조각

2

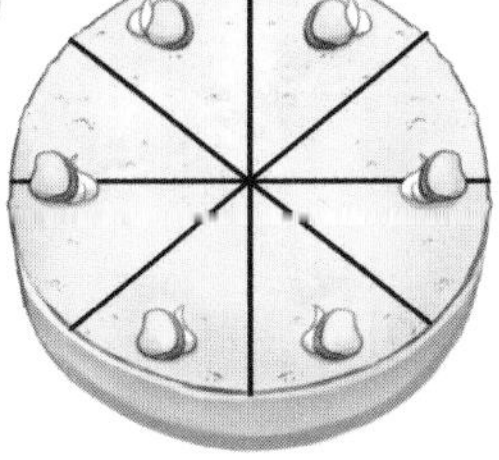

□ 조각

3

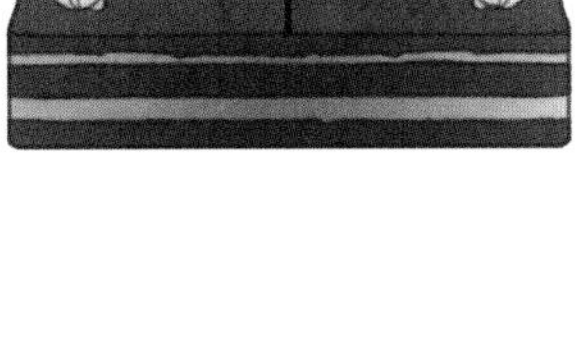

□ 조각

4

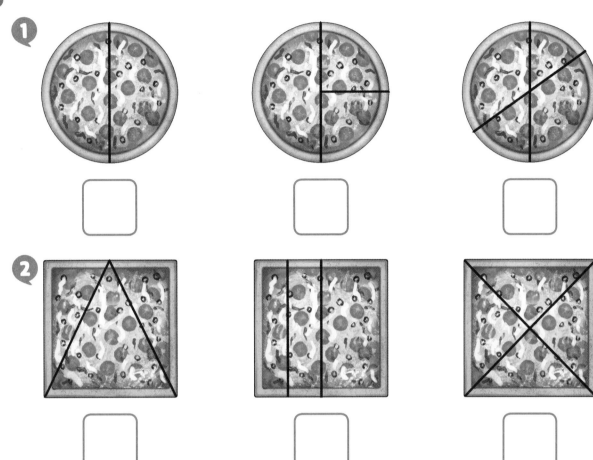

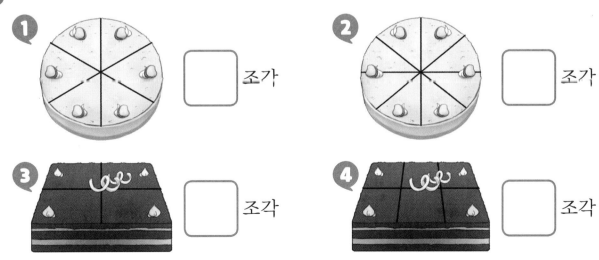

□ 조각

똑같이 나누어 봅시다

보기와 같이 도넛을 정해진 조각으로 똑같이 나누어 봅시다.

보기

2조각

1

4조각

2

8조각

보기와 같이 초콜릿을 정해진 조각으로 똑같이 나누어 봅시다.

보기

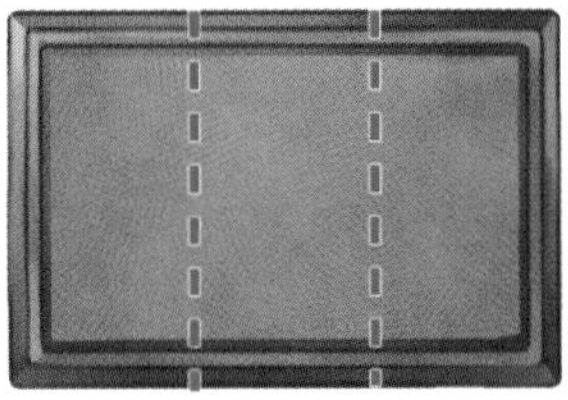

3조각

1

4조각

2

6조각

여러 가지 모양의 그림을 정해진 조각으로 똑같이 나누어 봅시다.

1

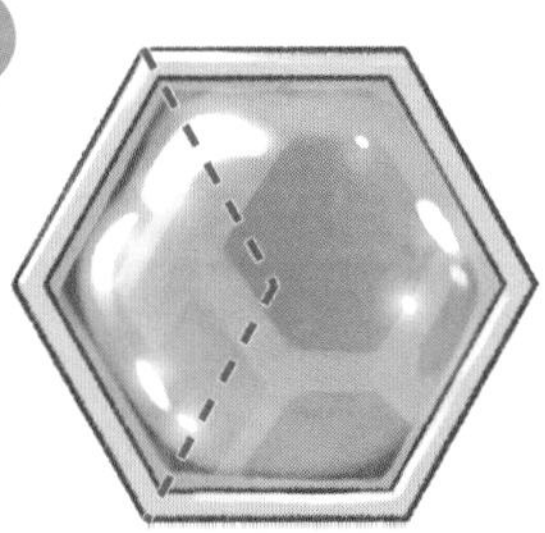

3조각

2

5조각

3

6조각

똑같이 나누어 봅시다

색종이를 여러 가지 방법으로 똑같이 넷으로 나누어 봅시다.

연습 문제

1 10 모으기를 해 봅시다.

❶ 1, □ → 10

❷ □, 7 → 10

❸ 4, □ → 10

❹ □, 5 → 10

❺ □, 2 → 10

❻ 2, □ → 10

2 10 가르기를 해 봅시다.

❶ 10 → 5, □

❷ 10 → □, 6

❸ 10 → □, 8

❹ 10 → 6, □

❺ 10 → 9, □

❻ 10 → 7, □

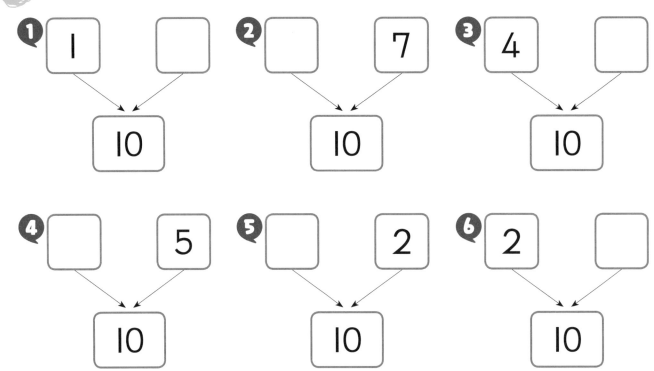

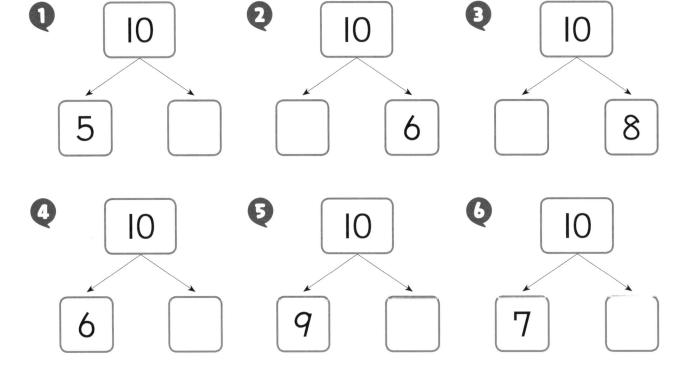

3 모으기를 해 봅시다.

1. 8, 9 → ☐
2. 6, 7 → ☐
3. 9, 7 → ☐
4. 9, 5 → ☐
5. 7, 8 → ☐
6. 4, 8 → ☐

4 가르기를 해 봅시다.

1. 16 → 8, ☐
2. 11 → ☐, 2
3. 14 → 6, ☐
4. 15 → ☐, 8
5. 17 → 9, ☐
6. 13 → ☐, 6

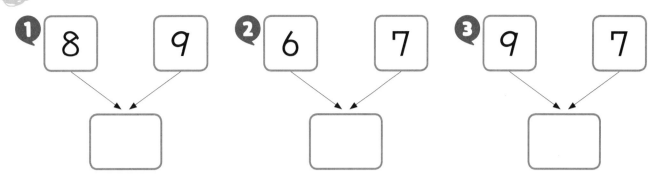

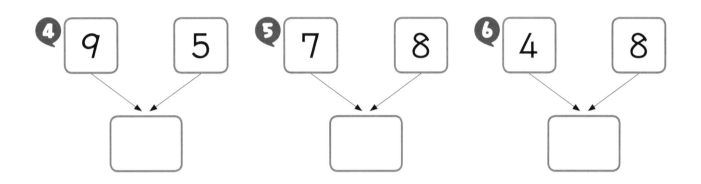

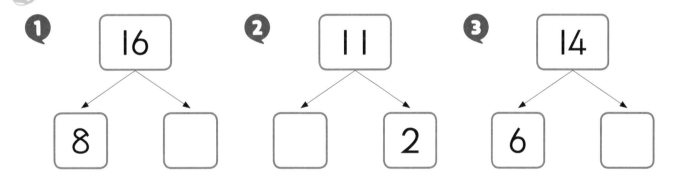

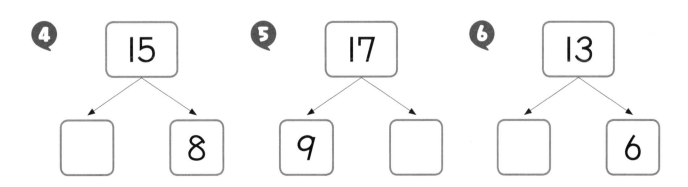

상장

이름: ______________

위 어린이는 또바기와 모도리의

야무진 수학 4단계를 훌륭하게 마쳤으므로

이 상장을 주어 칭찬합니다.

년 월 일

정답

10쪽

9 다음 수를 알아봅시다

친구들이 캔 고구마의 개수를 세고, 빈칸에 알맞은 수를 써 봅시다.

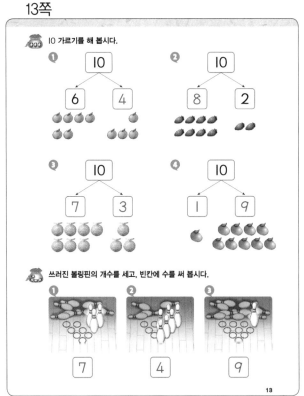

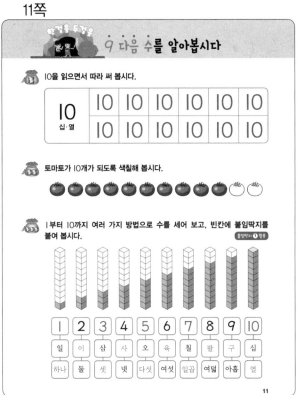

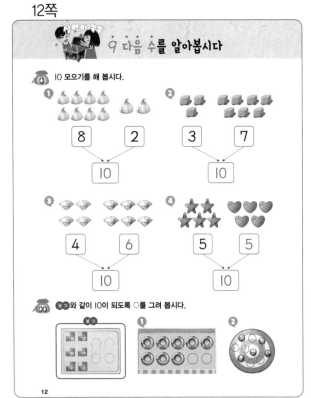

고구마를
9개 캤어.
1개 더 담아.
1 개
9 개

1 또바기와 모도리가 가지고 있는 고구마는 각각 몇 개인가요? 또바기 9개, 모도리 1개

2 또바기와 모도리가 가지고 있는 고구마는 모두 몇 개인가요? 10개

개념이 쏙쏙

10 십·열

9보다 1만큼 더 큰 수를 10으로 쓰고, 십 또는 열이라고 읽습니다.

10

11쪽

9 다음 수를 알아봅시다

10을 읽으면서 따라 써 봅시다.

10 십·열	10	10	10	10	10	10
	10	10	10	10	10	10

토마토가 10개가 되도록 색칠해 봅시다.

1부터 10까지 여러 가지 방법으로 수를 세어 보고, 빈칸에 붙임딱지를 붙여 봅시다. 붙임딱지 1 활용

1	2	3	4	5	6	7	8	9	10
일	이	삼	사	오	육	칠	팔	구	십
하나	둘	셋	넷	다섯	여섯	일곱	여덟	아홉	열

11

12쪽

9 다음 수를 알아봅시다

10 모으기를 해 봅시다.

1. 8, 2 → 10
2. 3, 7 → 10
3. 4, 6 → 10
4. 5, 5 → 10

보기와 같이 10이 되도록 ○를 그려 봅시다.

12

13쪽

10 가르기를 해 봅시다.

1. 10 → 6, 4
2. 10 → 8, 2
3. 10 → 7, 3
4. 10 → 1, 9

쓰러진 볼링핀의 개수를 세고, 빈칸에 수를 써 봅시다.

1. 7
2. 4
3. 9

13

14쪽

도시락에 유부초밥이 10개 들어 있습니다. 도시락 뚜껑에 가려진 유부초밥이 몇 개 있는지 빈칸에 알맞은 수를 써 봅시다.

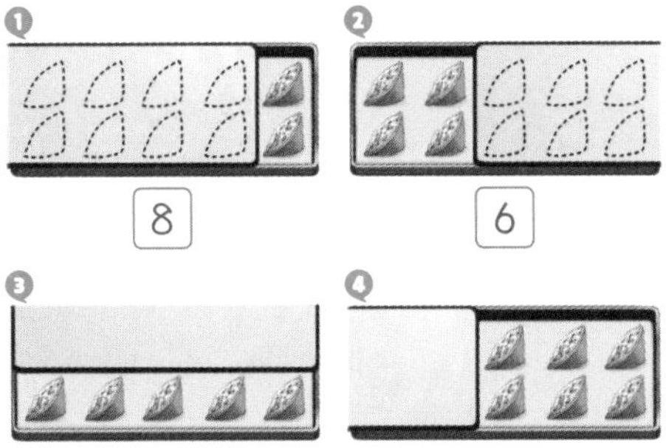

① 8 ② 6 ③ 5 ④ 4

자동차 10대가 들어가는 주차장이 있습니다. 몇 대 더 주차할 수 있는지 빈칸에 알맞은 수를 써 봅시다.

① 5 ② 3 ③ 6

14

15쪽

재미가 솔솔 9 다음 수를 알아봅시다

친구들과 '10만들기 놀이'를 해 봅시다.

① 공깃돌 10개를 양손에 쥐고 흔들어 두 손으로 가릅니다.
② 두 손 중 한 손의 공깃돌을 보여 줍니다.
③ 친구들이 보여 주지 않은 다른 한 손에 있는 공깃돌이 몇 개인지 말합니다.
④ 공깃돌의 수를 맞히면 1점을 얻습니다.
⑤ 10번씩 해서 점수를 가장 많이 얻는 사람이 이기게 됩니다.

① 5, 5
② 9, 1
③ 2, 8
④ 3, 7

15

16쪽

알아볼까요? 십몇을 알아봅시다

새로미가 산 과자의 개수를 세고, 빈칸에 알맞은 수를 써 봅시다.

이렇게 사면
과자는
모두 몇 개지?
3 개
10 개

① 한 상자에는 과자가 몇 개 들어 있나요? 10개

② 새로미가 낱개로 산 과자는 몇 개인가요? 3개

개념이 쏙쏙

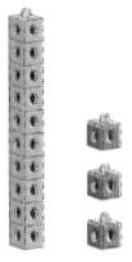

13 십삼·열셋

10개씩 묶음 1개와 낱개 3개를 13으로 쓰고, 십삼 또는 열셋이라고 읽습니다.

16

17쪽

한걸음 두걸음 십몇을 알아봅시다

보기와 같이 10개씩 묶어서 개수를 세고, 빈칸에 알맞은 수를 써 봅시다. 그리고 수를 읽어 봅시다.

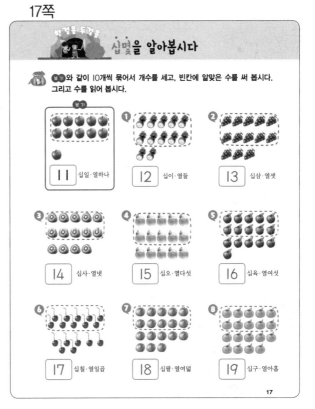

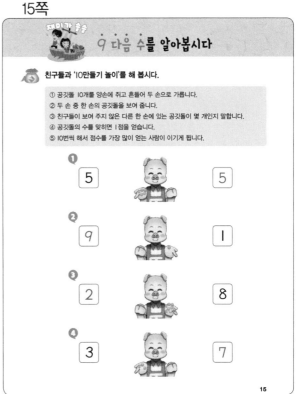

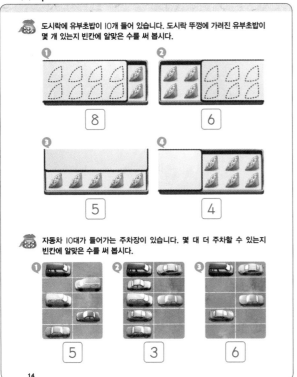

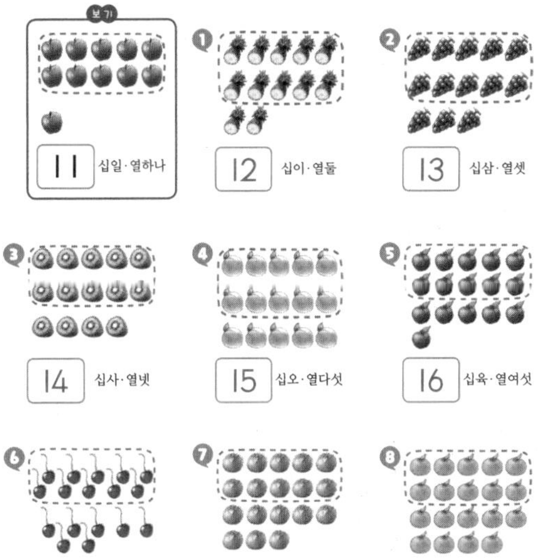

보기 11 십일·열하나
① 12 십이·열둘
② 13 십삼·열셋
③ 14 십사·열넷
④ 15 십오·열다섯
⑤ 16 십육·열여섯
⑥ 17 십칠·열일곱
⑦ 18 십팔·열여덟
⑧ 19 십구·열아홉

17

18쪽

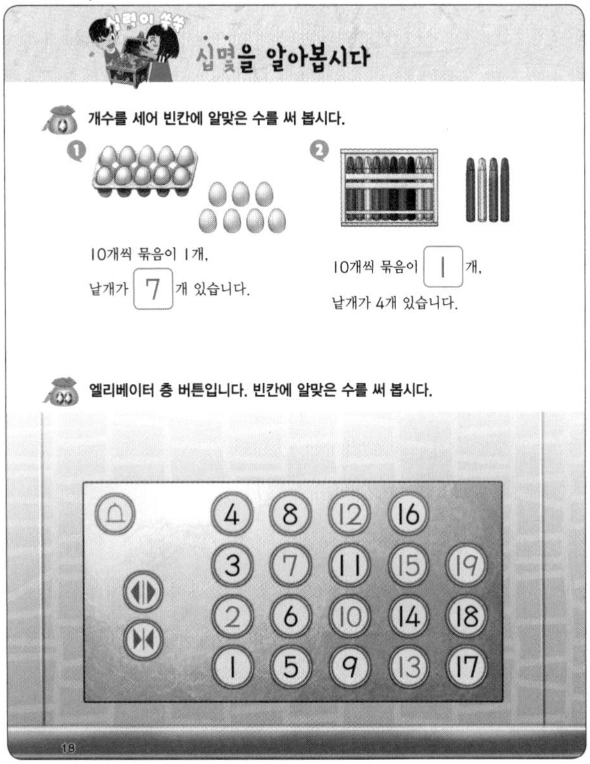
십몇을 알아봅시다

개수를 세어 빈칸에 알맞은 수를 써 봅시다.

① 10개씩 묶음이 1개, 낱개가 7개 있습니다.

② 10개씩 묶음이 1개, 낱개가 4개 있습니다.

엘리베이터 층 버튼입니다. 빈칸에 알맞은 수를 써 봅시다.

4	8	12	16	
3	7	11	15	19
2	6	10	14	18
1	5	9	13	17

18

19쪽

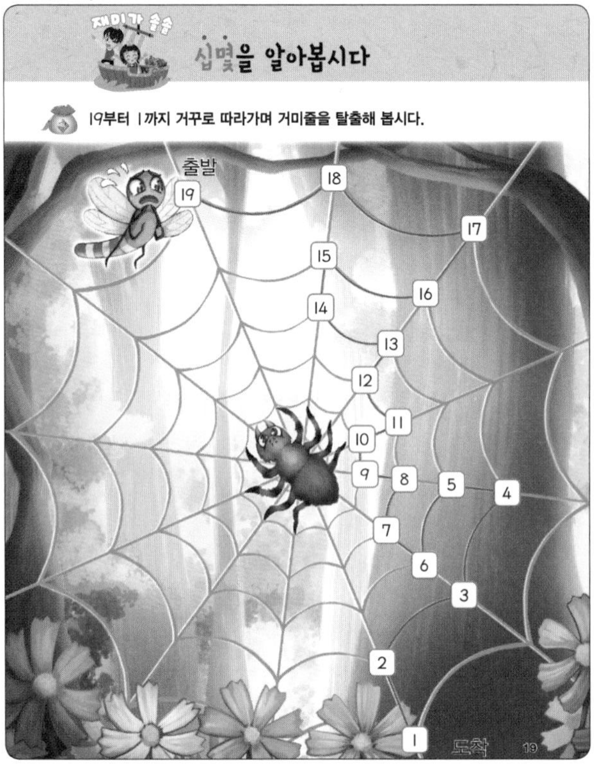
십몇을 알아봅시다

19부터 1까지 거꾸로 따라가며 거미줄을 탈출해 봅시다.

19

20쪽

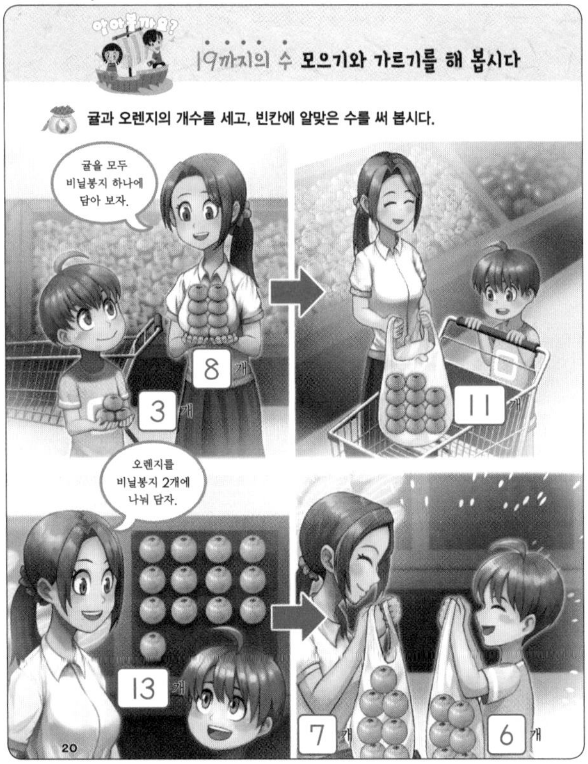
19까지의 수 모으기와 가르기를 해 봅시다

귤과 오렌지의 개수를 세고, 빈칸에 알맞은 수를 써 봅시다.

20

21쪽

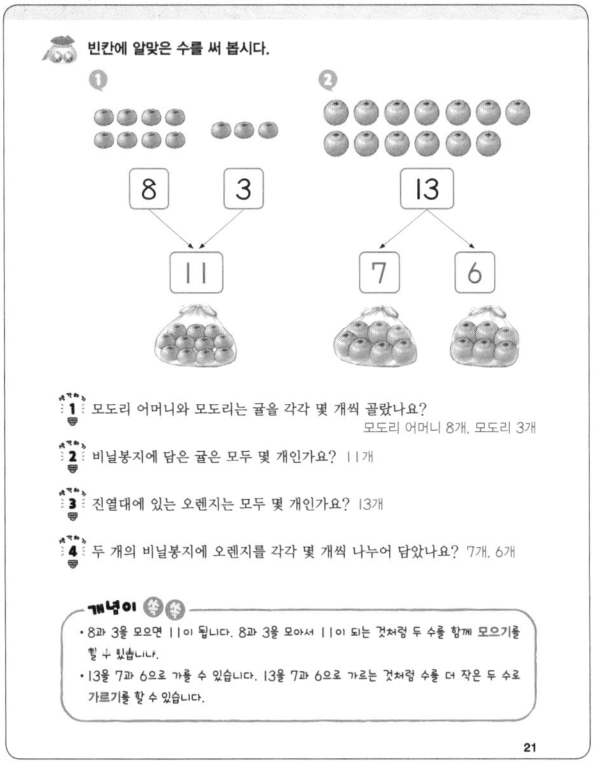
빈칸에 알맞은 수를 써 봅시다.

① 8, 3 → 11

② 13 → 7, 6

1 모도리 어머니와 모도리는 귤을 각각 몇 개씩 골랐나요? 모도리 어머니 8개, 모도리 3개

2 비닐봉지에 담은 귤은 모두 몇 개인가요? 11개

3 진열대에 있는 오렌지는 모두 몇 개인가요? 13개

4 두 개의 비닐봉지에 오렌지를 각각 몇 개씩 나누어 담았나요? 7개, 6개

개념이 쏙쏙

- 8과 3을 모으면 11이 됩니다. 8과 3을 모아서 11이 되는 것처럼 두 수를 함께 모으기를 할 수 있습니다.
- 13을 7과 6으로 가를 수 있습니다. 13을 7과 6으로 가르는 것처럼 수를 더 작은 두 수로 가르기를 할 수 있습니다.

21

22쪽

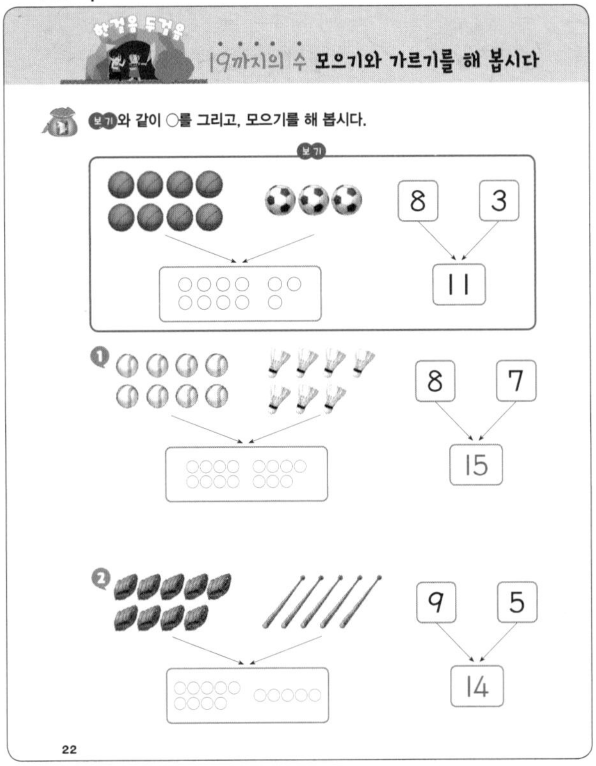
한걸음 두걸음

19까지의 수 모으기와 가르기를 해 봅시다

보기와 같이 ○를 그리고, 모으기를 해 봅시다.

보기: 8, 3 → 11 (○○○○ ○○ / ○○○○ ○)

1. 8, 7 → 15

2. 9, 5 → 14

22

23쪽

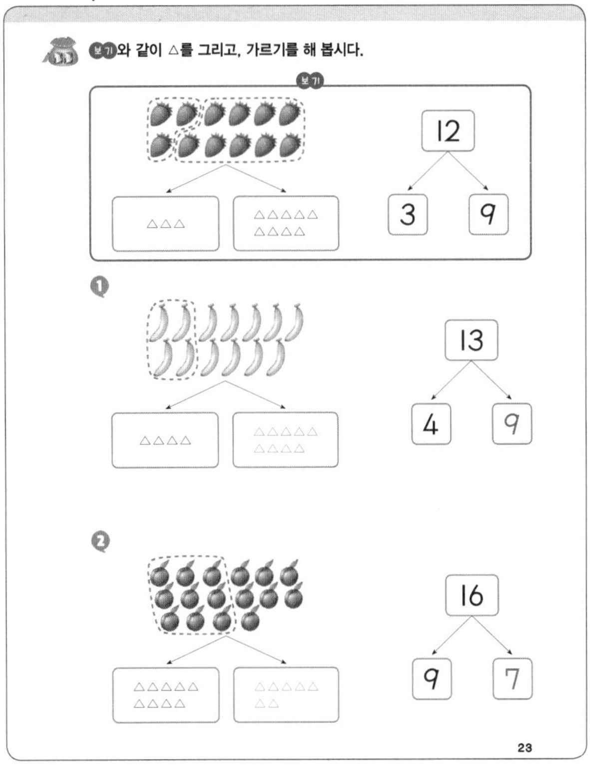
보기와 같이 △를 그리고, 가르기를 해 봅시다.

보기: 12 → 3, 9 (△△△ / △△△△△ △△△△)

1. 13 → 4, 9

2. 16 → 9, 7

23

24쪽

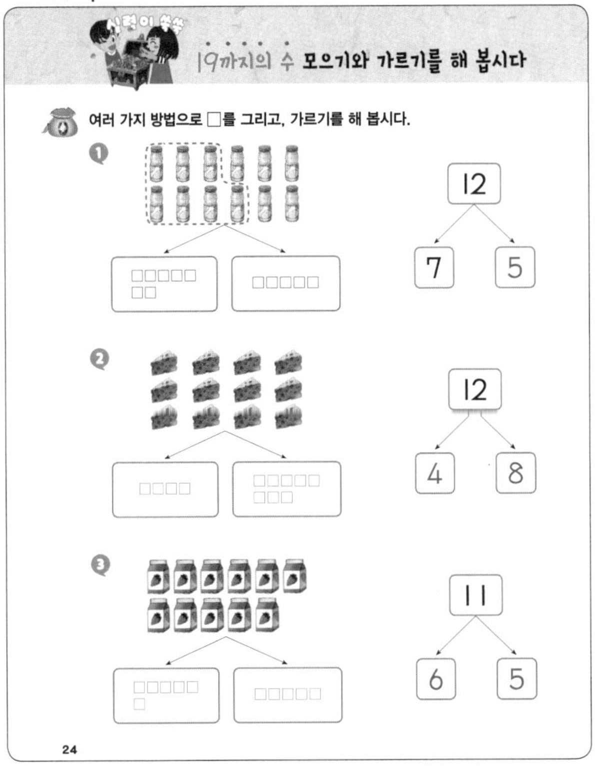
실력이 쑥쑥

19까지의 수 모으기와 가르기를 해 봅시다

여러 가지 방법으로 □를 그리고, 가르기를 해 봅시다.

1. 12 → 7, 5

2. 12 → 4, 8

3. 11 → 6, 5

24

25쪽 예

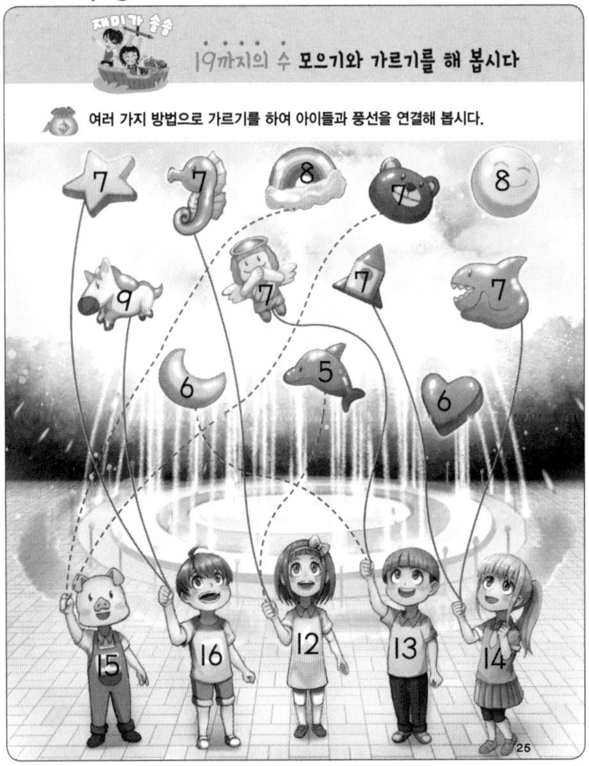
재미가 솔솔

19까지의 수 모으기와 가르기를 해 봅시다

여러 가지 방법으로 가르기를 하여 아이들과 풍선을 연결해 봅시다.

25

26쪽

알아볼까요? 10개씩 묶어 세어 봅시다

복숭아의 개수를 세어 봅시다.

1 한 상자에 복숭아가 몇 개 들어 있나요? 10개

2 복숭아는 몇 상자가 있나요? 2상자

3 복숭아는 모두 몇 개인가요? 20개

개념이 쏙쏙

20 이십·스물

10개씩 묶음 2개를 20으로 쓰고, 이십 또는 스물이라고 읽습니다.

26

27쪽

복숭아가 모두 몇 개인지 세어 빈칸에 알맞은 수를 쓰고, 따라 써 봅시다.

1 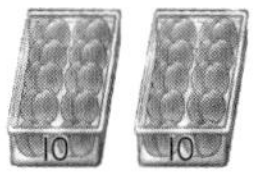

10개씩 2 상자

20

10개씩 묶음 2개를 20이라고 하고, 이십 또는 스물이라고 읽습니다.

2 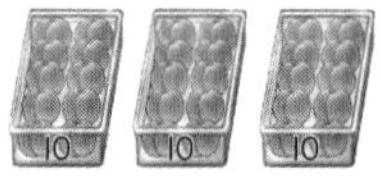

10개씩 3 상자

30

10개씩 묶음 3개를 30이라고 하고, 삼십 또는 서른이라고 읽습니다.

3 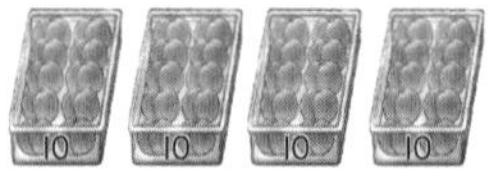

10개씩 4 상자

40

10개씩 묶음 4개를 40이라고 하고, 사십 또는 마흔이라고 읽습니다.

4 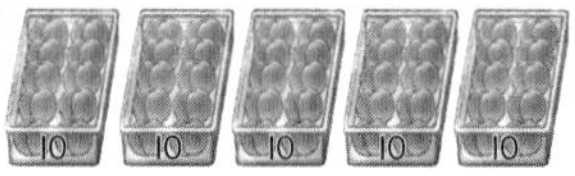

10개씩 5 상자

50

10개씩 묶음 5개를 50이라고 하고, 오십 또는 쉰이라고 읽습니다.

27

28쪽

한걸음 두걸음 10개씩 묶어 세어 봅시다

따라 쓰면서 수를 바르게 읽어 봅시다.

10	20	30	40	50
열	스물	서른	마흔	쉰

빈칸에 알맞은 수를 써 봅시다.

10개씩 1묶음은 10 입니다. 10개씩 2묶음은 20 입니다.

10개씩 3묶음은 30 입니다. 10개씩 4묶음은 40 입니다.

10개씩 5묶음은 50 입니다.

알맞게 선을 연결해 봅시다.

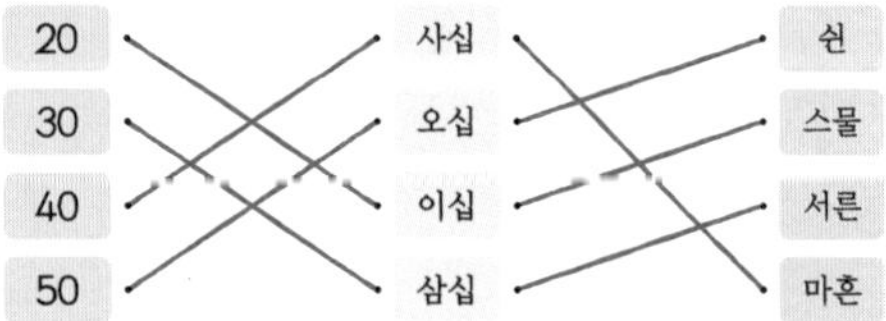

28

29쪽

10개씩 묶어 세어 보고, 빈칸에 알맞은 수를 써 봅시다.

1 

20

2 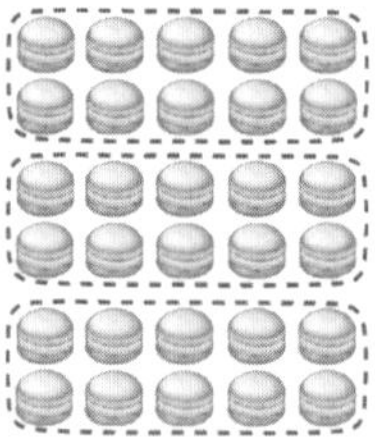

30

3 

40

4 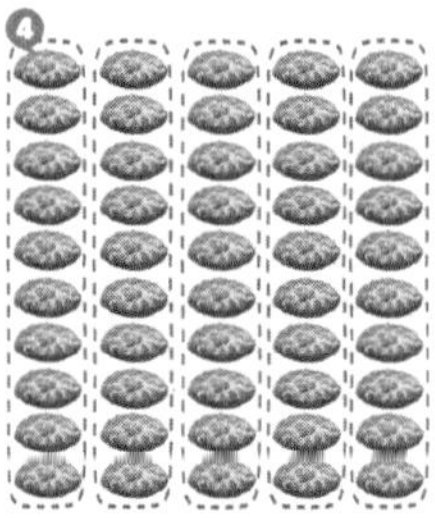

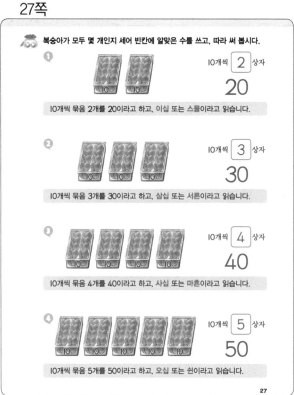

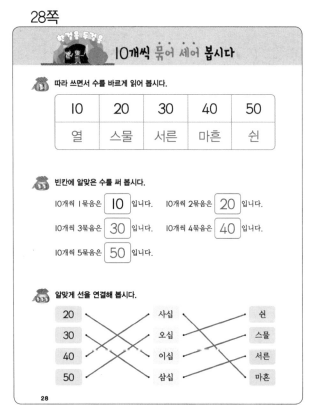

50

29

30쪽

10개씩 묶어 세어 봅시다

그림의 채소를 10개씩 묶어 세어 보고, 빈칸에 알맞은 수를 써 봅시다.

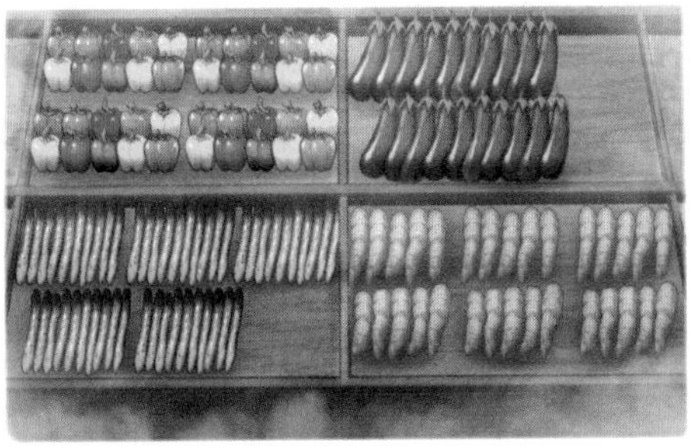

1. 10개씩 묶음이 4 개이므로 40 입니다.
2. 10개씩 묶음이 2 개이므로 20 입니다.
3. 10개씩 묶음이 5 개이므로 50 입니다.
4. 10개씩 묶음이 3 개이므로 30 입니다.

30

31쪽

10개씩 묶어 세어 봅시다

배에 적힌 숫자만큼 그물을 그려서 물고기를 잡아 봅시다.

30

31

32쪽

50까지의 수를 세어 봅시다

도토리의 개수를 10개씩 묶어 세어 봅시다.

우리가 모은 도토리는 모두 몇 개지?
도토리가 정말 많아.
어떻게 세면 좋을까?

1. 10개씩 묶음과 낱개는 각각 몇 개인가요? 10개씩 묶음 2 개, 낱개 2 개
2. 친구들이 모은 도토리는 모두 몇 개인가요? 22 개

개념이 쏙쏙

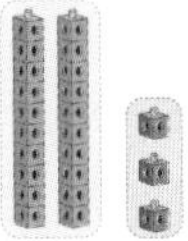

- 몇십몇의 수는 10개 묶음과 낱개로 나누어 수를 세고 읽습니다.
- 10개씩 묶음 2개와 낱개 3개를 23으로 쓰고, 이십삼 또는 스물셋이라고 읽습니다.

32

33쪽

50까지의 수를 세어 봅시다

보기 와 같이 10개씩 묶으면서 10개씩 묶음과 낱개의 수를 세고, 빈칸에 알맞은 수를 써 봅시다.

보기

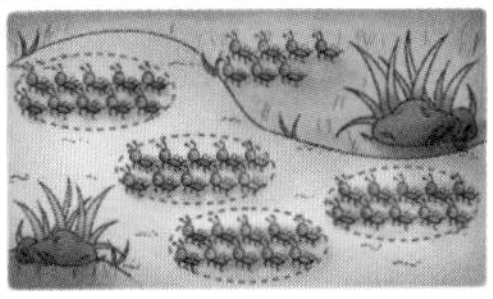

10개씩 묶음	낱개
4	7

47

1.

10개씩 묶음	낱개
2	5

25

2.

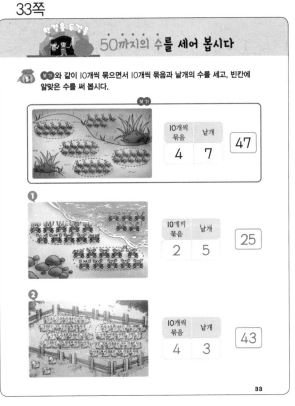

10개씩 묶음	낱개
4	3

43

33

34쪽

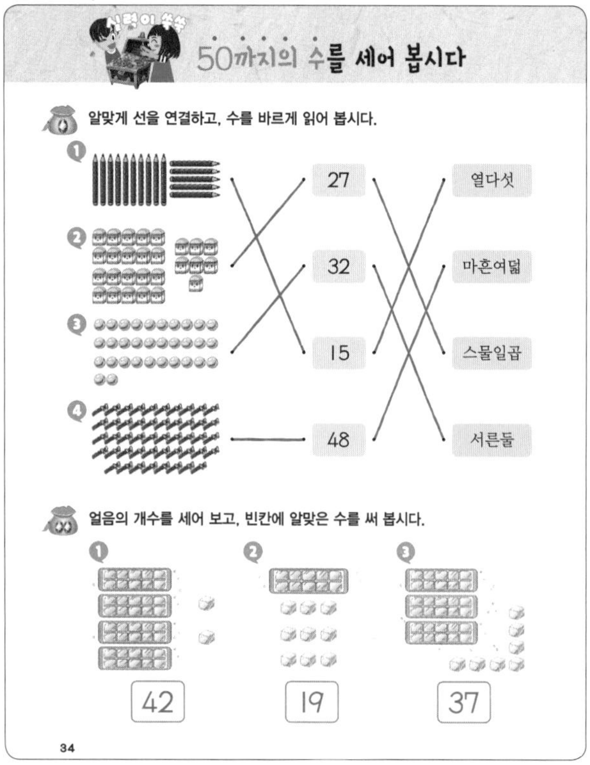
50까지의 수를 세어 봅시다

알맞게 선을 연결하고, 수를 바르게 읽어 봅시다.

1 — 27 — 열다섯
2 — 32 — 마흔여덟
3 — 15 — 스물일곱
4 — 48 — 서른둘

얼음의 개수를 세어 보고, 빈칸에 알맞은 수를 써 봅시다.

1 42
2 19
3 37

34

35쪽

50까지의 수를 세어 봅시다

비눗방울을 같은 수가 적힌 옷과 같은 색으로 색칠해 봅시다.

35

36쪽

수의 순서를 알아봅시다

또바기가 읽은 동화책은 어디에 넣어야 하는지 ○표 해 봅시다.

1 새르미가 읽은 동화책은 몇 권과 몇 권 사이에 넣어야 하나요? 34권과 36권

2 모도리가 읽은 동화책은 몇 권과 몇 권 사이에 넣어야 하나요? 16권과 18권

36

37쪽

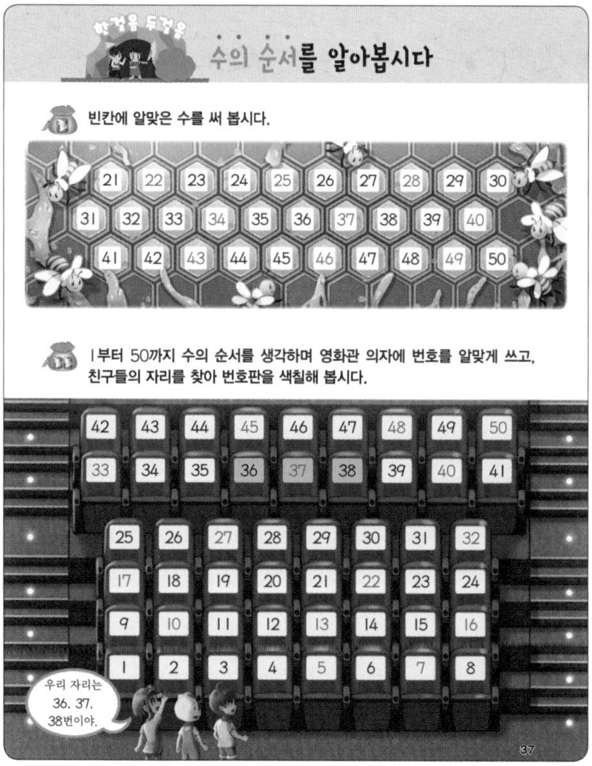
수의 순서를 알아봅시다

빈칸에 알맞은 수를 써 봅시다.

21	22	23	24	25	26	27	28	29	30
31	32	33	34	35	36	37	38	39	40
41	42	43	44	45	46	47	48	49	50

1부터 50까지 수의 순서를 생각하며 영화관 의자에 번호를 알맞게 쓰고, 친구들의 자리를 찾아 번호판을 색칠해 봅시다.

42	43	44	45	46	47	48	49	50
33	34	35	36	37	38	39	40	41
25	26	27	28	29	30	31	32	
17	18	19	20	21	22	23	24	
9	10	11	12	13	14	15	16	
1	2	3	4	5	6	7	8	

37

38쪽

시력이 쑥쑥

수의 순서를 알아봅시다

1부터 50까지 수의 순서를 생각하며 신발장에 번호를 알맞게 쓰고, 친구들의 신발장을 찾아 ○표 해 봅시다.

수의 순서를 생각하며 버스 자리에 번호를 알맞게 쓰고, 친구들의 자리를 찾아 △표 해 봅시다.

38

39쪽

재미가 솔솔

수의 순서를 알아봅시다

1부터 50까지 순서대로 점을 이어 그림을 완성해 봅시다.

39

40쪽

알아볼까요?

수의 크기를 비교해 봅시다

친구들이 딴 딸기의 개수를 살펴보고, 두 수의 크기를 비교해 봅시다.

생각해 1 모도리와 새로미가 딴 딸기는 각각 몇 개인가요?

모도리 34 개, 새로미 28 개

생각해 2 누가 딸기를 더 많이 땄나요? (모도리)

개념이 쏙쏙

- 두 수의 크기를 비교할 때는 10개 묶음의 수를 먼저 비교하고, 10개 묶음의 수가 같다면 낱개의 수를 비교합니다.
- 모도리의 딸기(34개)는 새로미의 딸기(28개)보다 10개 묶음이 더 많기 때문에, 모도리가 새로미보다 딸기가 더 많습니다.

40

41쪽

한걸음 두걸음

수의 크기를 비교해 봅시다

채소나 열매의 수를 세어 수만큼 □를 색칠하고, 두 수의 크기를 비교해 봅시다.

❶

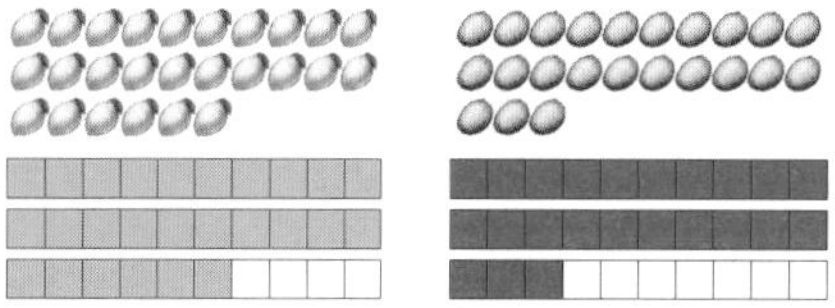

26 은/는 23 보다 크고, 23 은/는 26 보다 작습니다.

❷

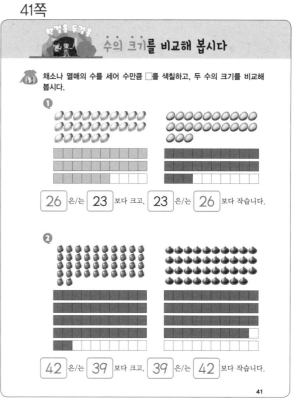

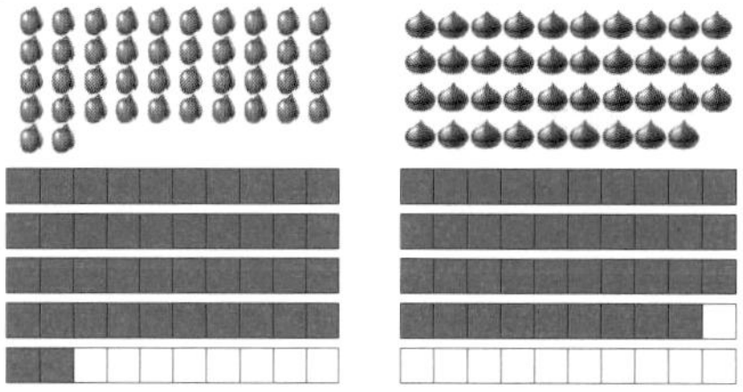

42 은/는 39 보다 크고, 39 은/는 42 보다 작습니다.

41

42쪽

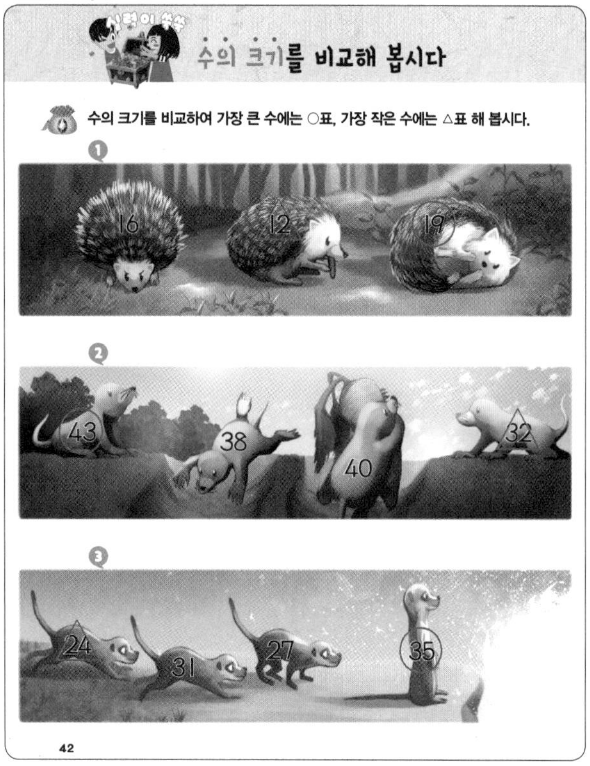

43쪽

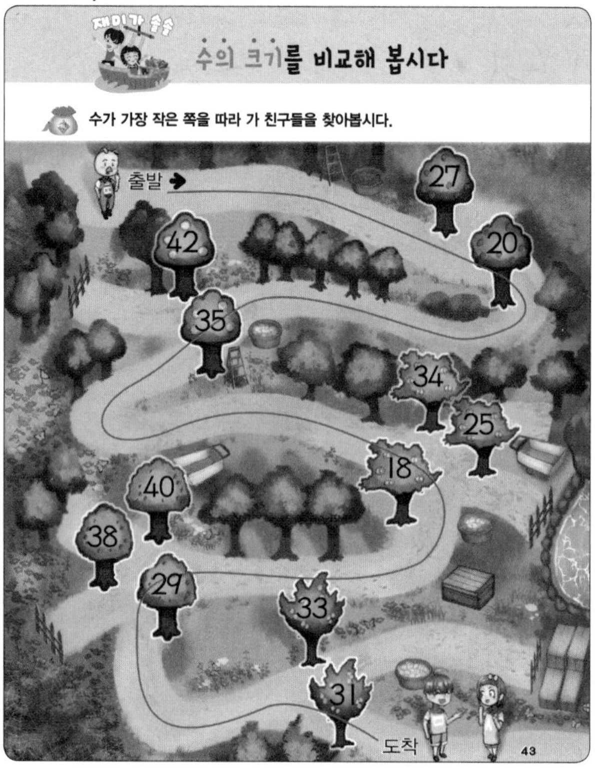

46쪽

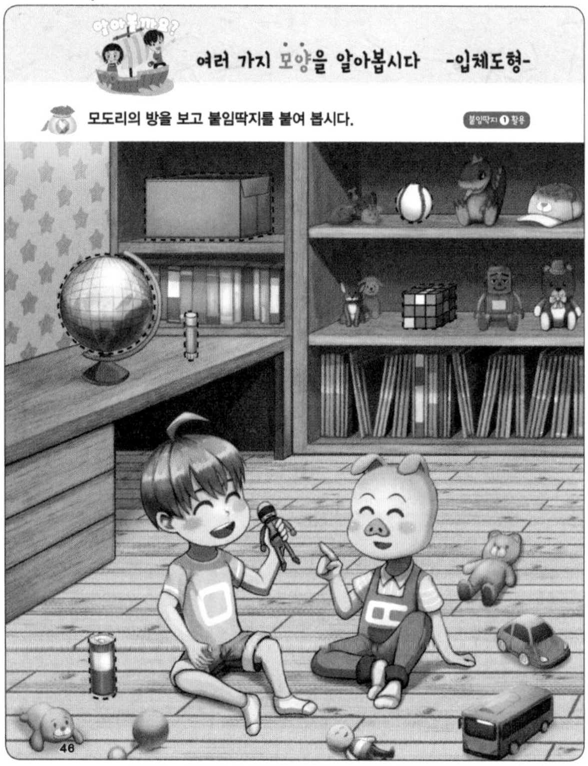

47쪽

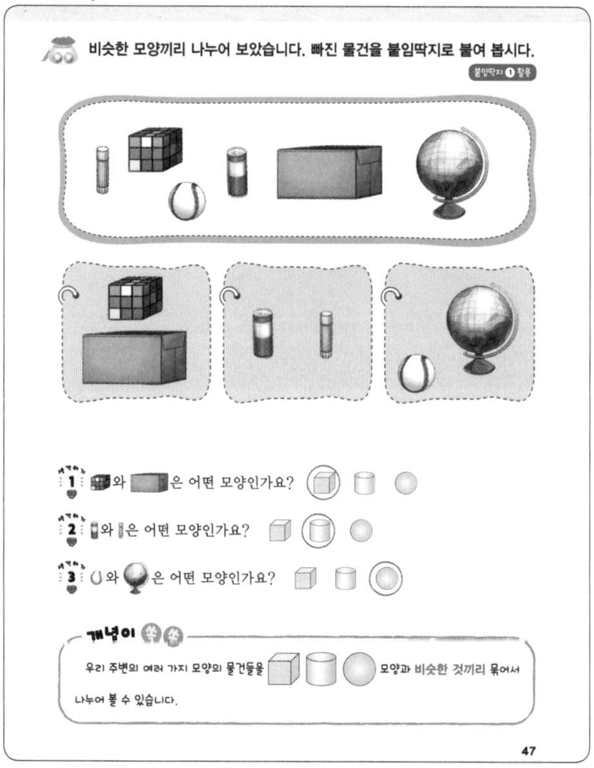

48쪽

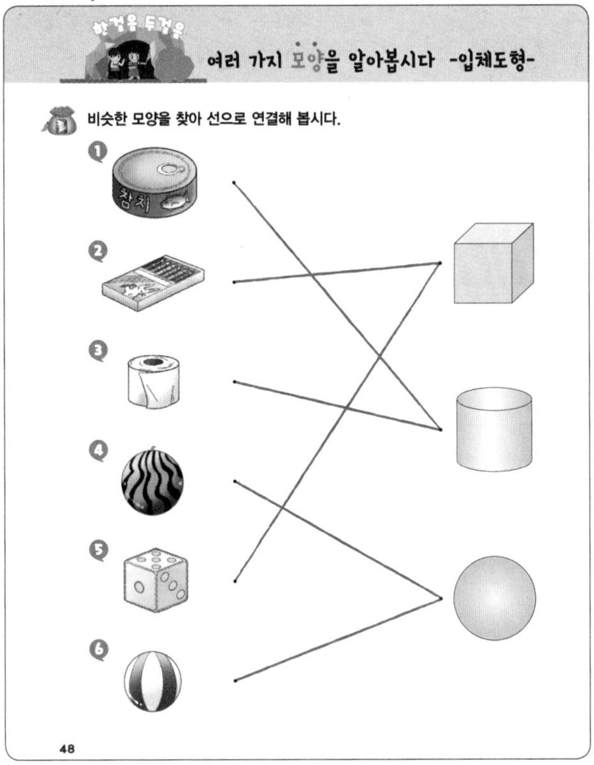

한걸음 두걸음 여러 가지 모양을 알아봅시다 -입체도형-

비슷한 모양을 찾아 선으로 연결해 봅시다.

48

49쪽

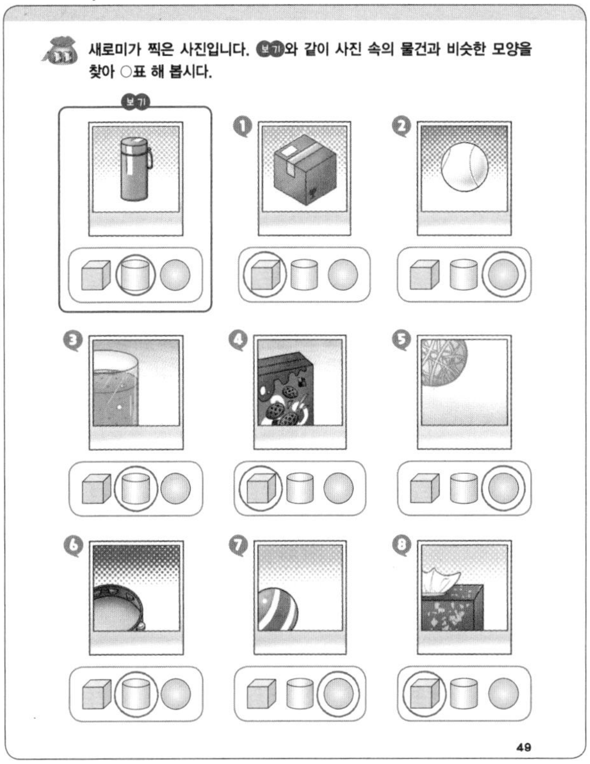

새로미가 찍은 사진입니다. 보기와 같이 사진 속의 물건과 비슷한 모양을 찾아 ○표 해 봅시다.

49

50쪽

실력이 쑥쑥 여러 가지 모양을 알아봅시다 -입체도형-

또바기가 만든 작품에서 모양이 몇 개인지 세어 빈칸에 써 봅시다.

3 개 9 개 1 개

50

51쪽

한걸음 더 여러 가지 모양을 알아봅시다 -입체도형-

두 그림에서 다른 곳을 3군데 찾아 ○표 해 봅시다.

51

52쪽

알아볼까요?

여러 가지 모양을 알아봅시다 -평면도형-

그림에서 다양한 모양들을 찾아봅시다.

52

53쪽

비슷한 모양끼리 나누어 보았습니다. 어떤 모양인지 붙임딱지를 붙여 봅시다.

붙임딱지 2 활용

1 와 은 어떤 모양인가요?

2 와 은 어떤 모양인가요?

3 와 은 어떤 모양인가요?

개념이 쏙쏙

- 와 같은 모양을 네모 모양이라고 합니다.
- 와 같은 모양을 세모 모양이라고 합니다.
- 와 같은 모양을 동그라미 모양이라고 합니다.

53

54쪽

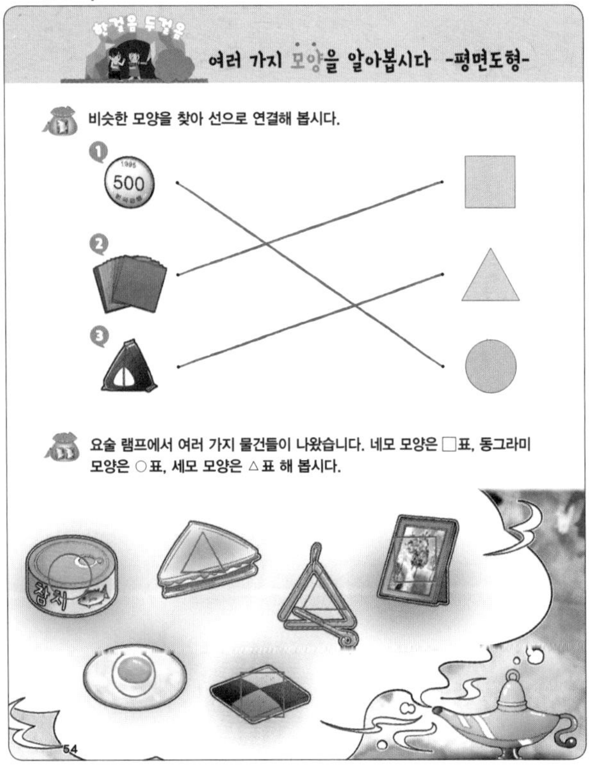
한걸음 두걸음

여러 가지 모양을 알아봅시다 -평면도형-

비슷한 모양을 찾아 선으로 연결해 봅시다.

요술 램프에서 여러 가지 물건들이 나왔습니다. 네모 모양은 □표, 동그라미 모양은 ○표, 세모 모양은 △표 해 봅시다.

54

55쪽

비슷한 모양끼리 나누어 붙임딱지를 붙여 봅시다.

붙임딱지 2 활용

해당되는 모양에 ○표 해 봅시다.

1 네모 세모 동그라미

2 네모 세모 동그라미

3 네모 세모 동그라미

55

56쪽

여러 가지 모양을 알아봅시다 -평면도형-

모도리가 만든 작품에서 ■ ▲ ● 모양이 몇 개인지 세어 봅시다.

■ 3 개 ▲ 3 개 ● 4 개

56

57쪽

여러 가지 모양을 알아봅시다 -평면도형-

케이크를 먹은 모양을 파란색으로 색칠해 봅시다.

57

58쪽

똑같이 나누어 봅시다

케이크를 똑같이 먹을 수 있게 반으로 나누어 봅시다.

1 케이크를 반으로 똑같이 나누면 몇 조각이 되나요? 2조각

2 케이크 조각들의 크기와 모양은 어떤지 비교해 보세요. 같습니다.

개념이 쏙쏙

똑같이 나누어진 것은 크기와 모양이 같아 서로 맞대어 보았을 때 완전히 포개어집니다.

58

59쪽

똑같이 나누어 봅시다

똑같이 나누어진 피자를 찾아 빈칸에 ○표 해 봅시다.

1

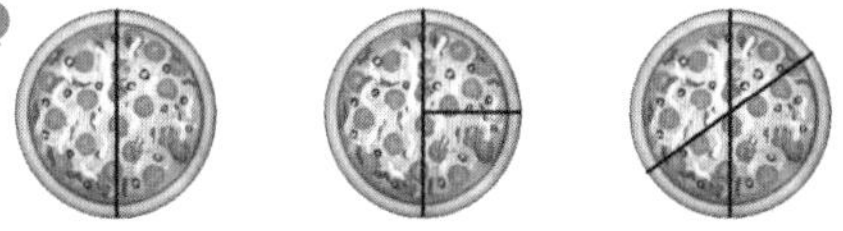

(○) ( ) ( )

2

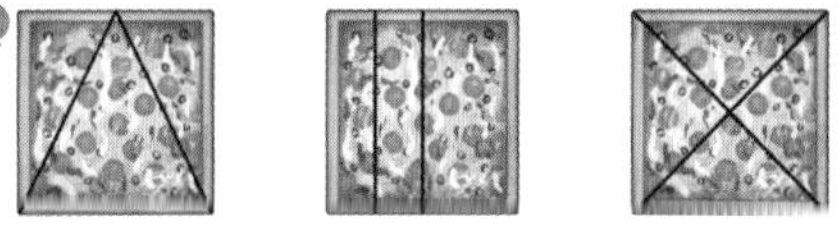

( ) ( ) (○)

크기가 같은 조각이 몇 개 있는지 빈칸에 써 봅시다.

1 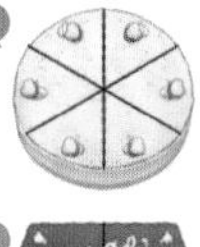 6 조각

2 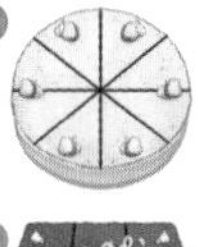 8 조각

3  4 조각

4 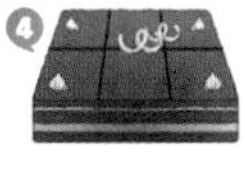 6 조각

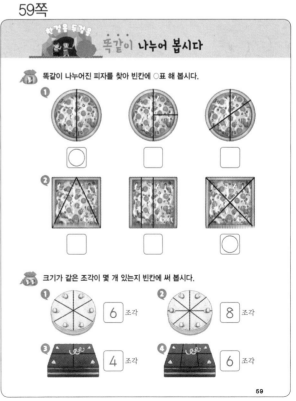

59

60쪽

똑같이 나누어 봅시다

보기와 같이 도넛을 정해진 조각으로 똑같이 나누어 봅시다.

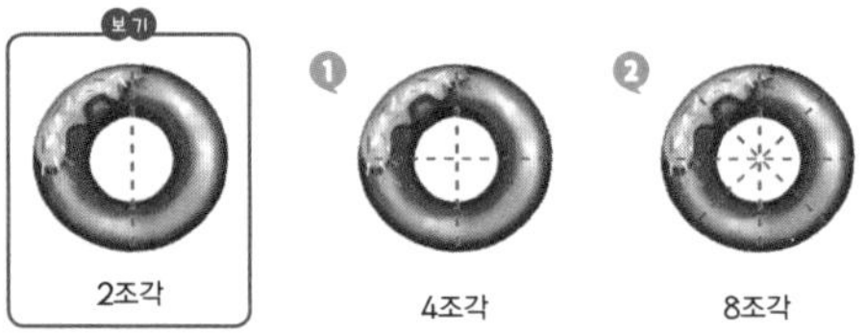

보기 2조각 / ❶ 4조각 / ❷ 8조각

보기와 같이 초콜릿을 정해진 조각으로 똑같이 나누어 봅시다.

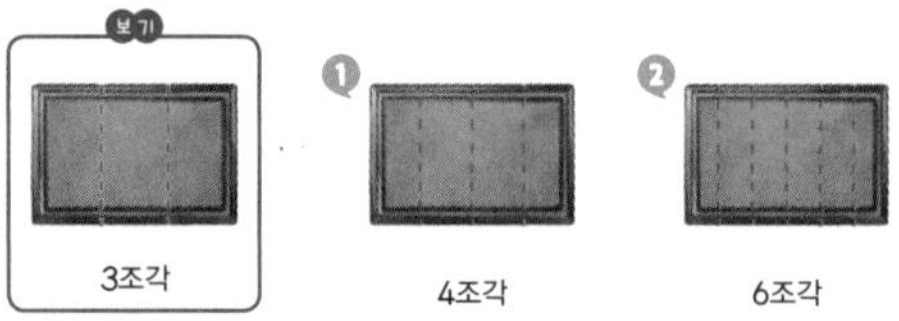

보기 3조각 / ❶ 4조각 / ❷ 6조각

여러 가지 모양의 그림을 정해진 조각으로 똑같이 나누어 봅시다.

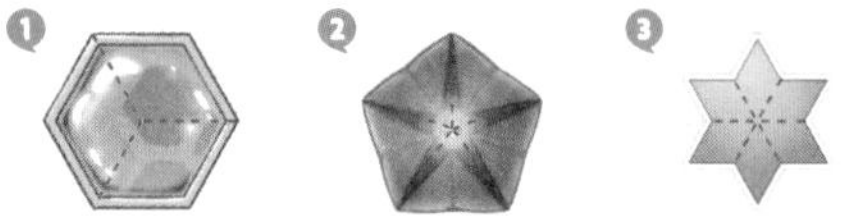

❶ 3조각 / ❷ 5조각 / ❸ 6조각

60

61쪽

똑같이 나누어 봅시다

색종이를 여러 가지 방법으로 똑같이 넷으로 나누어 봅시다.

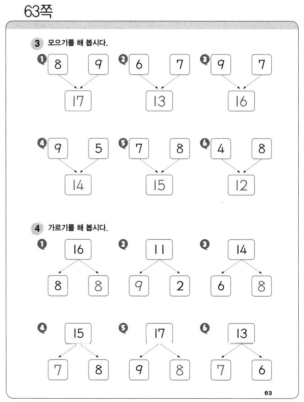

61

62쪽

1 10 모으기를 해 봅시다.

❶ 1, 9 → 10
❷ 3, 7 → 10
❸ 4, 6 → 10
❹ 5, 5 → 10
❺ 8, 2 → 10
❻ 2, 8 → 10

2 10 가르기를 해 봅시다.

❶ 10 → 5, 5
❷ 10 → 4, 6
❸ 10 → 2, 8
❹ 10 → 6, 4
❺ 10 → 9, 1
❻ 10 → 7, 3

62

63쪽

3 모으기를 해 봅시다.

❶ 8, 9 → 17
❷ 6, 7 → 13
❸ 9, 7 → 16
❹ 9, 5 → 14
❺ 7, 8 → 15
❻ 4, 8 → 12

4 가르기를 해 봅시다.

❶ 16 → 8, 8
❷ 11 → 9, 2
❸ 14 → 6, 8
❹ 15 → 7, 8
❺ 17 → 9, 8
❻ 13 → 7, 6

63